世界典型反无人机装备发展研究

（彩图版）

束　哲　刘　芳　徐海洋　唐静霖　编著

北京航空航天大学出版社
BEIHANG UNIVERSITY PRESS

内 容 简 介

近年来，随着无人机装备性能和作战运用日趋成熟，无人机在多场局部战争和冲突中大放异彩，使得世界各主要军事强国开始关注反无人机装备建设发展和作战运用，并纷纷布局，力图争夺该领域的技术发展和装备建设领先优势。

本书从反无人机军事应用需求出发，紧跟反无人机技术的发展步伐，着眼世界各主要军事强国在反无人机技术研发、技术创新、技术应用等方面的发展动向，全面梳理和总结了世界主要国家反无人机装备建设谱系，系统地介绍了典型反无人机装备的承研单位/企业、装备构型、核心关键技术、性能指标、应用情况等，研究和分析了各国反无人机装备技术发展趋势，为我国开展反无人机装备体系建设和发展路径规划提供了重要的辅助决策和情报支撑。

图书在版编目(CIP)数据

世界典型反无人机装备发展研究：彩图版／束哲等编著. -- 北京：北京航空航天大学出版社，2023.8
ISBN 978-7-5124-4153-8

Ⅰ.①世… Ⅱ.①束… Ⅲ.①无人驾驶飞机－探测技术－研究 Ⅳ.①V279

中国国家版本馆 CIP 数据核字(2023)第 162469 号

世界典型反无人机装备发展研究(彩图版)

束 哲 刘 芳 徐海洋 唐静霖 编著

策划编辑 刘 扬 责任编辑 于 洋

*

北京航空航天大学出版社出版发行

北京市海淀区学院路 37 号(邮编 100191) http://www.buaapress.com.cn
发行部电话：(010)82317024 传真：(010)82328026
读者信箱：qdpress@buaacm.com.cn 邮购电话：(010)82316936
天津画中画印刷有限公司印装 各地书店经销

*

开本：710×1 000 1/16 印张：16 字数：341 千字
2023 年 9 月第 1 版 2023 年 9 月第 1 次印刷
ISBN 978-7-5124-4153-8 定价：88.00 元

前　言

　　近年来作战无人机在战场上频频出现，广泛地应用于战场侦察监视、通信中继、电子对抗、火力指引、对地打击、效果评估等作战环节，以其特有的作战方式和作战效能在战场中发挥了十分重要的作用。世界各国纷纷装备各级、各型作战无人机，无人机建制力量规模急剧扩充，从而快速催生无人化战争样式。

　　2020 年被视为"无人机作战元年"，阿塞拜疆和亚美尼亚两国因纳戈尔诺—卡拉巴赫地区（纳卡地区）的归属问题，爆发了自 1994 年纳卡战争结束以来规模最大、交火最激烈的武装冲突。在此次冲突中，阿、亚双方除了出动大量坦克、装甲车辆、火炮、战术弹道导弹等传统武器装备外，还广泛使用无人机作为主战装备参战，并贯穿整个冲突的始终。阿塞拜疆参战的无人机数量多、品种全、战果大，表现非常抢眼，其构建的以无人机为核心的非对称作战力量，摧毁了亚美尼亚投入众多的地面防空系统，并对亚美尼亚的地面武装力量进行了毁灭性打击，最终迫使亚美尼亚进行停火谈判，签订城下之盟。

　　根据国外媒体的报道，在此次冲突爆发的第一时间，阿军就将"贝拉克塔尔TB‐2""卡古‐2""哈洛普""轨道器‐1K"等型号的大批无人机投入作战，充分发挥察打一体、自杀式攻击无人机的"发现即打击"能力。在对战场实施持续监控的同时，对亚军前沿地带及战区纵深内的各种目标进行精确火力打击，其精准、高效、致命的作战效能令亚军无从应对，也震惊了全世界，再一次让人们深刻体会到"无人机战争"时代已经到来。在为期约一个半月的冲突中，亚军主战坦克、步兵战车、火炮、防空系统等传统武器装备有近 40% 被摧毁，同时亚军官兵也遭受重大伤亡。而亚军的这些损失中，大部分为阿军无人机的战果，其余的也普遍与无人机的侦察、监视、指引有关。尤其是到了冲突后期，亚军投入战场的重型装备已经损失殆尽，幸存下来的也因为担心无人机空袭而隐藏不用，以至于阿军无人机再无合适的大型目标可打，大量无人机转用于搜索、攻击亚军人员，战场形势已基本处于"一边倒"的状态。

　　鉴于无人机在战场上带来的非对称威胁，近年来各国在大力发展无人作战能力的同时，也在多法并举探索构建反无人机作战的应对之策，以确保自身的战场生存能力。

　　近年来，世界各军事大国在大力发展反无人机技术的同时，通过制定各项政策、专项计划，为反无人机技术的发展和应用开辟道路。美国早在 2012 年就开始制定反无人机战略，计划设计和建立一个能够迅速应对敌意无人机威胁的防御体系。通过发挥自身技术优势,抢占反无人机领域的制高点。2019 年,美国国防部成立了美国陆军领导的联合反小型无人机系统办公室,并于 2021 年正式发布了《反小型无人机系统战略》,指导美军未来反无人机装备发展和作战应用。在 2016 年英国政府拟定的无人系统战略中,反无人机技术便是其重要组成部分;针对无人机非法使用和违规操作问题,已设立了代号为 COI4 的反无人机信息中心进行相关调查和研究。法国开展了一项名为"全球反无人机系统技术和方法的分析与评估"的计划,由泰雷兹公司牵头,为法国政府、武装部队与警方提供对非法无人机进行探测、识别、分类和压制的能力。俄罗斯在加紧反无人机作战力量建设和新型武器研发之外,也注重加强能力训练和实战检验。俄军于 2017 年成立全球首支反无人机电子战部队,并于 2020 年投入实战,承担战斗值班作业。俄军从战略制定、机构设置、研发投入以及实战演习部署等多个方面同步发力,形成快速转化应用通道,把反无人机装备推送到战场进行实战演习,全面提升部队反无人机作战能力。我国也高度重视反无人机技术和装备的发展,2016 年工信部、国防科工局联合发布《关于推荐〈民参军技术与产品推荐目录〉信息的通知》,将反无人机系统纳入该目录的重点领域,将反无人机产业作为军民融合发展的主要方向之一开展建设。

与此同时,世界各主要军事强国加速开展反无人机演训活动与体系建设。美国每年都会进行专门的反无人机演习,测试在研装备的实战效能和具体战术。其中最为著名的当属"黑色标枪"反无人机演习,该演习甚至动用了 F-22 战斗机和"捕食者"无人机这些美军现役战机中的王牌翘楚,专门研究针对无人机的探测、识别、跟踪和有效击毁无人机系统的战术方法。俄军为防范无人机在空中的"小动作",已经在各大城市建立了能够探测低空飞行目标的雷达设施。同时,针对叙利亚战场上恐怖分子使用无人机频繁发起的恐怖袭击,俄罗斯国防部从 2017 年秋季开始在俄军军事训练计划中增设了反无人机训练内容,主要培训俄军使用自动武器、狙击步枪和大口径武器击落无人机的能力。在国内,相关部门对反无人机工作的重视程度逐年提高,公安部门、民航以及军队都对无人机防控技术的研究和发展进行了大量的投入和规划,现已初具规模。截至 2021 年,国防科技创新特区联合各相关军事部门及机构组织了三届"无形截击"反无人机对抗挑战赛。各种反无人机系统悉数登场,进入大众视野。

本书针对反无人机的重大应用需求,从反无人机技术出发,聚焦世界主要军事国家反无人机装备建设发展情况,分析世界主要反无人机装备发展态势和未来趋势,为开展反无人机装备深化建设提供信息服务和情报支撑。

本书主要分为三个部分,第一部分(第一篇)从反无人机技术的视角出发,剖析反无人机的技术发展态势;第二部分(第二至六篇)针对世界反无人机装备承研列装的主要国家地区,总结归纳了现阶段反无人机装备建设发展情况;第三部分(第七篇)基于总结归纳的反无人机装备的数据情报,从装备建设发展的视角研究分析了世界典型反无人机装备发展态势和趋势。具体内容设计如下:

第一篇"反无人机技术体系与发展趋势",从整体上阐述了反无人机装备的系统构成和工作原理,并基于反无人机工作流程对探测识别、干扰控制反制和毁伤截获反制三类反无人机核心关键技术进行了具体说明,最后聚焦反无人机技术发展情况与趋势,引出世界主要军事强国在反无人机装备建设发展上的成果。

第二篇"美国典型反无人机装备和产品",根据研发市场化程度高的特点,以研发单位为维度进行情报搜集和分析。本篇收集来自11家美国国防实力企业和研究院所的15项系统介绍和技术参数解析典型反无人机装备,为后续分析美国地区的反无人机装备特点、技术路径和发展方向提供支撑。

第三篇"欧洲典型反无人机装备和产品",按照欧洲地区的国家和公司两个维度分别梳理欧洲典型反无人机装备,着重介绍了英、德、意、荷、土等国12项典型反无人机装备的系统性能和技术参数。

第四篇"俄罗斯典型反无人机装备和产品",针对俄罗斯反无人机作战装备主要依托军队进行研发等特点,本篇按照反无人机作战主要装备类型进行分类介绍,形成了雷达探测系统、防空导弹、电子战系统、激光武器4个功能系统模块12项典型反无人机装备的研究内容。

第五篇"其他地区典型反无人机装备和产品",重点介绍以以色列为代表的其他地区反无人机装备的发展情况,按照国家和公司两个维度开展反无人机装备的系统性能和技术参数研究,本篇共包含7家公司研发的12项反无人机装备。

第六篇"国内典型反无人机装备和产品",本篇首先介绍国内官方权威反无人机赛事"无形截击"系列,并根据2018—2021年"无形截击"赛事成绩,从众多表现突出的国内公司和研究院所中挑选出14家发展势头强劲的公司和相关反无人机装备进行梳理分析,形成研究内容。

第七篇"世界典型反无人机装备发展分析",本篇根据前文世界主要军事国家和地区典型反无人机装备的研制建设情况和参数技术数据,从时间和国别地区两个维度对世界典型反无人机装备的装备研发、技术路径、平台选择等情况进行研究分析和原因解析,形成世界反无人机装备发展态势和趋势的研究判断。

束　哲

2023 年 3 月于长沙

目录 CONTENTS

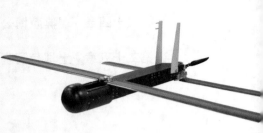

第三篇　欧洲典型反无人机装备和产品

第七篇 世界典型反无人机装备发展分析

第一篇
反无人机技术体系与发展趋势

随着军民两用无人机的蓬勃发展，当今无人机装备已呈现出种类齐全、性能强大、智能化、网络化的显著特征。现代科技条件下的小型无人机作战系统更是可以实现全天候的情报侦察监视与打击功能，具有察打一体、机动灵活、携带方便、随地起降等优良特性。随着无人机威胁的日趋严峻，反无人机技术及其在各型武器装备上的应用也逐渐成熟。现如今，无人机与其"克星"反无人机系统之间的对抗呈螺旋式上升趋势，在这个领域演绎着"矛与盾"的新故事。

第一章　反无人机技术体系

反无人机技术是战场反无人机作战任务需求牵引下的必然产物，构建反无人机技术体系也是反无人机武器装备体系发展的必然要求。本章从反无人机系统构成与工作流程原理出发，构建反无人机技术体系架构，并按照探测识别、反制和伪装欺骗三大类别进行系统介绍。

一、反无人机系统构成与工作流程原理

目前，典型的反无人机系统主要包括探测、跟踪与识别系统和反制系统两部分。探测、跟踪与识别系统的任务是对无人机目标进行预警探测和追踪识别，通常使用多种传感器，包括专用雷达和光电系统、无线电侦测器、声音探测器；反制系统的任务是通过网电等软杀伤手段或火力等硬杀伤手段攻击无人机目标，对其进行拒止、驱离、毁伤或捕获等，分为动力学反制装备、电子反制装备、高能激光装备和高功率微波装备。动力学反制装备包含霰弹枪、网枪、高射机枪、高射炮和战术导弹，或是自带攻击载荷的无人机等一系列装备；电子反制装备包括能够影响卫星导航、通信链路或其他控制链路的各种干扰系统；高能激光装备和高功率微波装备依靠发射强激光和高功率微波摧毁无人机。

探测、跟踪与识别系统和反制系统可以是单独分离使用的两个独立运转的系统，如美国的 Ku 波段射频系统与"泰坦"反无人机系统，专门用于无人机的探测或干

扰。它们也可以是由多个子模块构成的大型反无人机系统,当前按照功能模块可以划分为两大类:探测、跟踪、识别＋干扰控制(软杀伤);探测、跟踪、识别＋毁伤截获(硬杀伤)。通常,大型反无人机系统首先利用雷达等探测模块对目标无人机进行预警和粗引导,然后利用光电等探测模块对目标无人机进行识别跟踪、确定目标无人机的航迹并预测其运动方向,随后启动干扰控制或毁伤截获模块,在目标指引下对目标无人机进行软/硬杀伤,具体工作流程如图1-1所示。

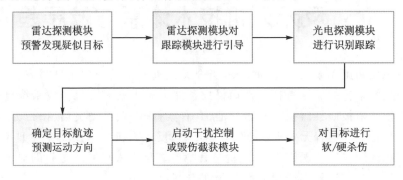

图1-1　反无人机系统典型工作流程示意图

二、反无人机技术体系架构

随着反无人机作战意识的不断增强,反无人机作战任务不断增多,在作战需求和技术发展双重推动作用下的反无人机技术体系已具备较为坚实的理论基础和技术支撑,总体归纳为探测识别技术、反制技术和伪装欺骗技术三大部分。

探测识别技术按照任务的不同可分为侦测发现技术和跟踪识别技术两类:前者主要作用是对无人机目标进行预警和定位,回答防护区域内"有没有无人机"和"无人机在哪里"等问题;后者主要是在侦测发现的基础上,持续保持对无人机航迹的跟踪,并对无人机的身份属性和任务属性进行识别和预判,为后续处置无人机提供信息情报支援。按照技术机理的不同,探测识别技术又可分为雷达探测技术、无线电侦测技术、光电探测技术、声学探测技术等。

反制技术可分为干扰控制技术(软杀伤)和毁伤截获技术(硬杀伤)两类:前者主要是运用压制干扰、导航欺骗和链路劫持等网电手段攻击无人机信息系统(如:导航系统、测控系统和飞控系统),干扰/控制无人机的导航、通信及飞行,使其失效或被接管控制;后者主要是利用常规火力、导弹、高能激光、高功率微波、格斗无人机及网捕等手段直接攻击无人机机体或电子元件,摧毁或拦截无人机目标。

伪装欺骗技术主要包括光学、声学和电磁伪装欺骗技术等,在反无人机作战过程中,通过对己方目标进行适当伪装,降低对方无人机的侦察监视效率和效果,采用假目标消耗对方的打击火力等。反无人机伪装欺骗技术与传统的防空反导伪装技术基本相同,是发展比较成熟的传统战术伪装手段,本书不做深入研究,后文主要针对反低空无人机技术体系的探测识别技术和反制技术两个方面开展研究。反无人机技术体系架构如图1-2所示。

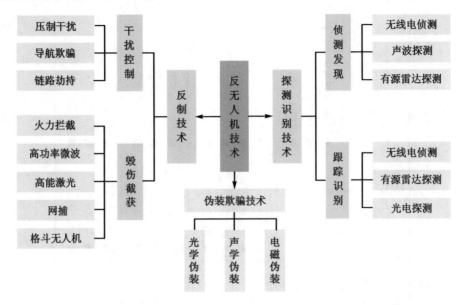

图1-2　反无人机技术体系架构

（一）探测识别技术

探测识别技术按照探测精度和功能目标划分为侦测发现技术和跟踪识别技术两类。

侦测发现技术是指利用多种传感器,探测(低空)无人机的雷达散射截面、无线电波等物理特性信息,从而发现并进行测向/定位,可对无人机实现先期探测与预警,为后续反无人机作战行动提供情报支持。目前常用的手段包括无线电侦测和有源雷达探测等。

跟踪识别技术是指在侦测发现的基础上,依靠探测精度更高的传感器与数据库,通过声、光、电、频谱信号等多种探测技术,结合航向预测或专家系统、人工智能等分析手段,对目标的航迹进行进一步的精确跟踪和航线预想,并对无人机的身份属性和任务属性进行识别和研判。对于低空无人机而言,目前常用的跟踪手段主要包括雷达跟踪、无线电识别、光电跟踪(红外/可见光)和声学探测。探测识别技术对比见表1-1所列。

表 1-1 探测识别技术对比

探测技术	最大距离/km	侦测发现	跟踪识别	悬停探测	机型识别	精度	影响因素	优势	缺陷
							对比项目		
有源雷达探测	10	✓	✓	否	否	高	电磁环境、地物	■ 精度高	■ "低慢小"探测能力弱; ■ 目标丢失和虚警; ■ 辐射强
无线电侦测	10	✓	✓	可以	可以	中	电磁环境	■ 安全性高; ■ 对环境无影响; ■ 隐蔽性强; ■ 识别能力强	■ 精度低; ■ 信噪比差; ■ 布设复杂; ■ 仅识别已知目标
光电探测	3	✓	✓	可以	可以	高	气象因素	■ 精度高; ■ 便于布控; ■ 无环境影响	■ 复杂空域探测困难; ■ 天气影响大; ■ 一般与雷达集成
声学探测	1	✓		可以	可以	低	噪声	■ 无环境影响; ■ 体积小; ■ 便于布控	■ 精度差; ■ 距离近; ■ 无法跟踪识别

目前,在无人机探测、跟踪与识别技术领域,军用大型系统主要采用雷达和光电探测集成,以无线电侦测作为辅助手段;小型系统主要采用无线电侦测和光电探测集成。民用系统多以无线电侦测作为主要手段,由于声学探测距离过近,技术还不成熟,仅用于机场等特定民用设施的防护。

1. 有源雷达探测技术

(1) 技术原理

有源雷达探测技术是利用雷达发射机发射无线电波,根据无人机反射的回波进行测量和定位。为了克服强大地杂波的影响,多为脉冲多普勒体制雷达。有源雷达探测的优势在于探测距离远、范围广、精度较高,可实现对目标广域预警和三维定位,并且具备较好的跟踪和测速能力,可为后期处置提供目标信息。

(2) 技术缺陷

低空无人机体积小,目标的雷达反向面积小,回波信号微弱,因此,有源雷达对低空无人机目标的检测概率不高,探测距离不及对传统空中目标的探测,并且存在探测盲区。"低慢小"无人机的飞行高度低,一方面受地球曲率和地物遮蔽的影响,雷达波可能无法照射到目标,另一方面会有大量的地杂波同时进入雷达接收机,使目标无人机的雷达散射截面(Radar Cross - Section,RCS)频繁改变、时隐时现,难以形成连续航迹。"低慢小"无人机的飞行速度较慢,有的甚至低于一般的雷达速度检测门限,导致脉冲多普勒体制的雷达无法检测到目标。此外,由于目标的飞行速度慢,容易与气象杂波、地面行人车辆和鸟群等慢度目标形成慢动杂波混淆,导致目标识别困难。

(3) 技术现状与性能参数

目前反无人机雷达多采用 X,Ku 波段,有效探测距离通常为 $3 \sim 5$ km(RCS＝0.01),最大探测距离可达 10 km 以上,最小可检测速度优于 0.5 m/s,探测精度优于 20 m。

(4) 技术发展趋势

为了消除复杂环境下地杂波、空中干扰的影响,实现对低空无人机的快速预警跟踪,有效减少虚警和误判,未来反无人机雷达技术发展重点在于与无线电侦测等其他信息源提供的目指信息的深度融合,以及人工智能技术在雷达信息判读中的应用,从而实现对目标的连续精确跟踪。

2. 无线电侦测识别技术

(1) 技术原理

无线电侦测识别技术是指通过接收无人机与遥控器(地面站)之间的无线电波,采用频谱分析与决策、多点交叉定位等手段,实现对目标有无以及方位的判断。根据无人机的基本工作原理可知,无人机必须利用无线电遥控设备和自备的程序控制装置操纵。目前无人机的智能控制系统尚未达到百分之百的全智能自主判决控制,无线电测控链路对无人机必不可少,该技术的核心就是通过对测控链路的探测实现对无人机来袭的预警与大致方位研判。该技术可实现目标无人机的广域预警、目标类型识别和大致方向测量,通过多点布设可实现三维目标定位。

该技术针对上行链路检测可由遥控信号获取遥控者位置,对下行链路检测可由图传信号获取无人机位置。此外,无线电侦测识别技术可以通过判断无人机信号信道带宽、符号速率等跳频参数,对目标信号进行准确识别,并利用信号特征分析识别设备型号、厂家,在某些情况下还能够找出用户信息,以此制定相应的捕获方案。由于无线电信号受天气和地物影响较小,而且被动探测无须发射,无电磁辐射,因此无线电侦测识别技术对于民用或者军民两用应用环境较为有利,并且其探测距离较远,无源接收安全性高、隐蔽性强。

(2)技术缺陷

无线电侦测识别技术需要事先掌握目标类型无人机的无线电特征,因此对于自主导航的无人机、无线电参数保密的军用无人机、恶意改装的无人机则无能为力;且在复杂的电磁环境下容易受到电磁干扰,探测能力有限,测向精度低,测距定位需多点布设。

(3)技术现状与性能参数

目前无线电侦测识别技术多作为雷达光电组合的补充,有效探测距离可达 4~7 km,最远可达 10 km,可实现 300 MHz~6 GHz 全频段探测,能够覆盖商用无人机常用的 1.5 GHz、2.4 GHz 和 5.8 GHz 频段,可识别常见商用无人机的机型等。

(4)技术发展趋势

目前无线电侦测识别技术在反无人机领域已较为成熟并且取得了广泛的应用,未来的发展重点主要围绕提高测距、测向精度的多点优化布设设计、广域(大范围)条件下提高低信噪比下微弱多目标信号以及多源信息融合等方面。

3. 光电探测技术

(1)技术原理

光电探测技术通过捕捉目标的光学特征,确定无人机空间位置并实现跟踪,是近距离识别跟踪和识别小型无人机的重要手段。目前反无人机系统中主要采用可见光或红外被动成像方式获取目标的光学图像或热成像,结合激光测距对目标进行精确定位。该技术的优势主要在于定位精度高、体积小,不易受到电磁、地物的影响,并且便于多点布控,可用于目标的小范围精确定位和目标航迹追踪。

其中,红外探测技术因其较强的抗干扰能力、较广的探测范围、较强的复杂背景中的目标甄别能力以及全天候工作的特点,成为解决复杂背景干扰下无人机目标检测问题的一个重要技术路径,应用较为广泛。

(2)技术缺陷

光电探测器件容易受到烟尘、雨、雪、雾、霾等气象因素影响。在低空复杂环境下,小型无人机体积小,部分电动小型无人机发热量小,红外特征不太明显,远距离成像后只占几个像素,检测距离十分有限,识别目标需要事先知道目标的雷达散射特征和光学特征。由于探测过程需要通视条件，反无人机系统的光电探测器都采用架高的形式，以增加其探测距离。

（3）技术现状与性能参数

在反无人机系统中，光电探测主要与有源雷达探测进行功能集成，与预警雷达集成后，对小型无人机跟踪最大距离超过 3 km，定位跟踪精度方位优于 0.5 mrad（毫弧度），俯仰优于 0.5 mrad。

（4）技术发展趋势

由于低空复杂环境下，小型无人机可见光/红外辐射强度弱，在大范围复杂空域背景下开展快速搜索、检测和精确定位较为困难，因此，反无人机系统中光电探测技术的研究主要围绕图像处理与目标检测算法，包括动态补偿技术、图像特征融合算法、深度学习算法等，以解决大空域中小目标自主快速发现和精密跟踪的难题。

4. 声波探测技术

（1）技术原理

声波探测技术原理类似于无线电侦测技术，它为四轴无人机螺旋桨叶片和电动机飞行时的独特噪声建立数据库，利用高精度麦克风监测环境中的声音数据，通过分析环境中的声音数据并与样本数据进行比对，对环境中是否存在无人机进行预警。该技术可以确定目标的大体方位和型号，对环境影响小，系统轻便小巧，甚至可部署于手机等移动端，可满足便携可搬移、便携快布式的部署要求。

（2）技术缺陷

声波探测技术的基础是建立多种无人机的声学特征库。在实际应用场景下，声波识别在居民活动较多的环境以及赛事演出等高噪声强度条件下，受环境影响严重，声波探测距离非常有限，一般只有几十米到两三百米，且无法精确定位和跟踪，部分地物还存在声学信号再反射从而影响探测，因此探测效果有一定的局限性。

（3）技术现状与性能参数

目前主要应用于小型或便携式民用反无人机系统，声波探测距离一般小于 500 m。2016 年澳大利亚的反无人机公司 Drone Shield 公布了一种采用多点测量的声音测量技术，可以有效去除背景噪声，大幅提升了系统对无人机的辨识率，可将识别距离提高至 1 km。

（二）反制技术——干扰控制

无人机在飞行中主要依靠无线电磁信号进行导航和控制，但这些通信链路的安全性不高，容易遭遇干扰和破坏。电磁技术和网络技术等软杀伤手段就是利用了无人机的这个软肋。使用电磁技术可有效欺骗或干扰无人机与后方控制平台的通信，同时还可对 GPS（Global Positioning System，全球定位系统）信号进行干扰，使无人机不仅被"蒙住双眼"，甚至被"迷了心窍"。电磁脉冲、高功率微波可使无防护的无人机电子元件暂时失效或烧毁,从而使无人机陷于"空中瘫痪"状态或直接坠机。

近年来,各国争相展开对无人机导航欺骗技术的研究,并在实际应用中取得了一定的进展。最为知名的是,2011 年,伊朗防空部队在该国东部边境,利用 GPS 转发式欺骗干扰技术成功俘获一架美国 RQ－170"哨兵"无人侦察机。具体的诱骗过程如下:首先对无人机的通信线路进行屏蔽,切断无人机与地面控制站的联系;其次将无人机与 GPS 卫星之间的安全数据连接打断,迫使无人机进入自动导航状态;最后利用无人机导航欺骗干扰技术,将错误信息进行包装,使其变成看起来可靠的 GPS 信号,进而掌握精确的降落海拔和经纬度数据,最终使其降落在指定地点。在诱骗的整个过程中,无须破解无人机与控制站的远程控制及通信信号,具有操作性强、应用面广的优点。该事件是导航欺骗干扰技术第一次成功应用于实战之中,极大地推动了各国对导航欺骗与反欺骗的研究。

干扰控制技术主要指运用网电对抗手段干扰、控制无人机的导航、测控、飞控或动力系统等,使其失效或被"控制",实现无人机拒止、驱离、迫降、定点诱骗及捕获等处置效果,该技术亦称为软杀伤手段。目前常用的干扰控制技术包括压制干扰、导航欺骗和链路劫持。干扰控制技术对比见表 1－2 所列。

表 1－2 干扰控制技术对比

软杀伤手段	优 点	缺 点
压制干扰	技术门槛低,实现简单	需提前指导干扰的频点,易造成二次安全事故
导航欺骗	距离远、隐蔽性、通用性强,发射功率低	对不使用卫星导航定位功能的无人机无效
链路劫持	可完全操控无人机,操作性、可控性强	开发难度大,通用性低

1. 压制干扰技术

(1) 技术原理

压制干扰是指通过发射无线干扰信号阻断无人机的导航或链路频段,在时域、频域、变换域上实现对真实回波的完全覆盖,使无人机测控链路无法捕获有效的控制信息,其分为瞄准式干扰、阻塞式干扰和扫频式干扰。对无人机来说,压制干扰也许是最直接有效且成本最低的反制方式。压制式反制实际上就是对非法无人机的信息传输链路和 GPS 导航信号进行无线电压制干扰,让非法无人机在一定的区域内无法"听、说、看"。即使有无人机惯导的作用,也只能维持很短时间的原始姿态,无法按照操控者的意愿继续运动。

① 信息传输链路压制。通常来说,消费类无人机的无线数据链大概有 2～3 个常用频段,分别是 2.4 GHz、5.8 GHz 和 915 MHz,这三个频段往往是消费类无人机的主要频段。对于专业型无人机,我国工信部规定的无人机数据链专业频段为 845 MHz 和 1.4 GHz。一般来说,由于我国的专业无人机往往是政府部门甚至是执法部门使用,处于严格受控状态,非法使用的概率很低,再加上这两个专用频段的无

线数据链产品产量低且价格高,一般的消费类无人机很少采用这两个频段,所以,一般的反制干扰器主要集中在 2.4 GHz、5.8 GHz 和 915 MHz 三个频段。

② 导航链路压制。除了无线数据链,无人机还有一个重要的频点,就是用于导航的"卫星导航信号频点"。目前,无人机常用的卫星导航体制有三种,即美国的 GPS、俄罗斯的格洛纳斯全球卫星导航系统(Global Navigation Satellite System,GLONASS)和中国的北斗卫星导航系统(BeiDou Navigation Satellite System,BDS)。目前多数卫星导航芯片都是兼容这三种体制的,而且,主流的芯片技术是采用其中的两种或者全部三种体制的融合算法。只要无线电压制信号的幅度足够强,且频率能够覆盖以上的卫星导航频点,那么,无人机就会失去自动导航的能力。

(2) 技术特点

压制干扰技术优势在于技术门槛低,实现简单,不足是需提前知道干扰的频段,且无人机受干扰后的飞行方向和坠落地点不可控,容易造成二次安全事故。目前压制干扰设备多采用固定频段干扰,如 0.9、1.5、2.4、5.8 GHz 等。

2. 导航欺骗技术

(1) 技术原理

导航欺骗技术指通过发射导航欺骗信号使得无人机定位结果被篡改,通过一定的控制策略即可间接控制无人机,使其降落到我方指定的地点。导航诱骗的本质是通过产生虚假电文或延迟导航信号的传播从而改变接收机解算出的位置信息,其定位错误。对于卫星导航信号的欺骗干扰,主要是针对 GPS/GLONASS/BDS 的导航系统,发射虚假的卫星导航信号。

以无人机诱骗偏离航线为例,其原理是:首先通过雷达或遥测等手段对目标无人机的真实位置、速度等运动状态信息进行探测,并对运动轨迹做一定的预测;然后根据无人机的真实运动状态、导航特性和诱骗目的等,通过数学模型推导规划出欺骗定位轨迹;接着通过欺骗干扰系统按照欺骗位置生成欺骗干扰信号,使无人机由接收真实信号转变为接收欺骗信号,通过控制欺骗信号使其定位结果偏离预定航线,达到将目标无人机诱骗偏离原航线的目的。典型欺骗干扰信号生成原理如图 1-3 所示。

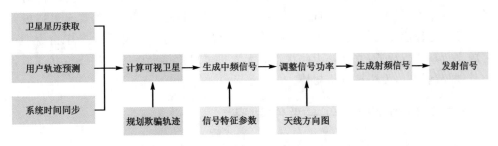

图 1-3 典型欺骗干扰信号生成原理

目前该技术广泛采用的方法是通过改变伪距大小来产生虚假导航信息，而决定伪距大小的关键是时延控制技术，高精度的时延控制技术会带来精密的伪距控制能力，从而提高诱骗的成功率。另外，注入技术同样是导航欺骗的难点之一，要想快速、有效地将欺骗信号注入无人机导航部件中，且不被察觉，需不断提高信号质量、降低信号功率及优化诱骗策略。

（2）技术特点

导航欺骗技术的显著优势是隐蔽性强、通用性强，发射功率低，目前该类技术产品有效诱骗距离可达 100 km，发射功率低于 20 W，可将小型、中型或大型无人机诱骗/拉偏到指定区域，不足之处是对无卫星导航定位功能的无人机（例如航模）无效。

3. 链路劫持技术

（1）技术原理

链路劫持技术通过直接破解无人机遥控链路信号，全部或者部分接管目标无人机的无线电控制链路，最终获得目标无人机控制权。无人机飞行过程中，飞行控制报文携带飞行控制指令，该指令控制无人机做出特定的动作，从而实现操作员对无人机的实时控制，因此飞行控制协议逆向分析技术是链路劫持手段的关键技术之一。但由于不同厂家不同版本的无人机无线电传输可能采用完全不同的、复杂的调制技术和通信协议，欺骗干扰系统难以进行信号解析和识别。目前全球无人机生产企业有数千家，想逐一破解其各类不同机型通信协议难度较大。据称仅有少数单位具有协议识别技术，但也仅仅只对 IEEE 802.11 等少数通信协议具有协议识别和欺骗能力。或许，无人机厂商对于自家生产的无人机具有管控能力，例如大疆的"云哨"系统，可以对大疆无人机实现有效管控，但对其他厂家的无人机可能完全无效。因此，对于绝大多数无人机，该技术实现的门槛非常高，实现难度较大，但对特定型号的无人机，或许可以在长时间分析研究的基础上实现破解和管控。

（2）技术特点

链路劫持技术可完全操控无人机，操作性、可控性强，所需功率低。但该技术不仅要求在不损伤无人机本身的前提下完成对无人机控制信号的阻断，还需要实现控制指令上的伪装欺骗，实施难度较大，通用性低，往往用在特定领域。此外，随着技术的发展完善，很多无人机都同时具备了手动控制和程序控制功能，甚至可以做到手动控制与程序控制的实时切换。采用程序控制飞行时不需要接收操作指令即可完成飞行和执行任务，并且处于此状态的无人机可以不接受解除程序飞行状态以外的其他控制指令，无法被链路劫持。

（三）反制技术——毁伤截获

毁伤截获技术主要指使用火力拦截系统、高功率微波系统、高能激光系统、网捕系统及格斗无人机等手段，对无人机实施毁伤或进行捕获。该技术亦称为硬杀伤手段,相对于软杀伤手段,毁伤类反无人机系统攻击方式直接,受无人机目标信息化水平的影响相对较弱,具有集群作战的潜力,因此也得到越来越多的重视。但该技术系统复杂、价格昂贵,在实际应用中目标无人机的残骸不仅会对地面产生二次危害,同时会对打击目标造成永久性损毁,导致获取所需情报数据的概率也大幅降低,不利于后续执法工作的调查取证,因此主要应用于军事领域。毁伤截获技术中的网捕技术目前尚处于摸索阶段,法国和英国部分科技企业开展过单兵网捕枪及无人机搭载网捕的演示验证,但该技术目前只能对微型低速无人机有一定作战效果,应用较为局限,本章不做深入研究。

1. 火力拦截

(1) 技术原理

火力拦截是对传统防空导弹、高炮等低近程防空系统进行升级改装,利用配备引信的导弹或炮弹,发射后适时引爆以破片直接摧毁无人机。目前,在反低空无人机的实践中,传统的防空武器系统是最常用的手段,可部署在空基、海基和陆基平台。

传统火力打击对微小型无人机而言是一种过度杀伤,存在极大的成本不对称问题。比如2018年的俄罗斯驻叙利亚的赫梅米姆空军基地和塔尔图斯港补给站被13架小型无人机袭击,其中6架被俄罗斯电子干扰部队制服,剩余7架全部被"铠甲-S1"型弹炮合一防空系统击落,但是为了击落这7架无人机,共消耗了50枚导弹和近万发炮弹,折合费用大约1 700万美元,而每架无人机大约2 000美元,效费比极差。

同时,传统的动能武器在对抗无人机集群攻击时显得力不从心。美国海军无人机蜂群作战研究结果显示,即便是美驱逐舰上"宙斯盾"防空系统,集成了各类传感器和武器系统,包括干扰器、诱饵弹、"标准"系列防空导弹、舰炮和2座"密集阵"等武器,在面对无人机的蜂群攻击时仍然力不从心。首先小型无人机体型小,雷达难以探测和分辨,探测距离不够,舰载防空导弹可能因为距离太近而失去作用。而"密集阵"近防系统和机枪在短时间内无法做到合理分配火力对所有无人机进行打击,从而导致部分无人机能够躲开拦截,对舰艇发动攻击。经过数百次的模拟发现,如果有8架无人机组成集群攻击"宙斯盾"驱逐舰,会有2.8架无人机避开"宙斯盾"防御系统。

针对上述问题,各大国纷纷对传统的防空系统进行改进。包括对探测系统和火力的改进,火力改进方面包括改进火控系统以提高射击精度和研发制导炮弹甚至精确制导子弹来提高打击效率。

(2) 技术特点

传统火力打击技术的优点是技术成熟度较高、毁伤能力强,缺点是高炮拦截命中率低、导弹拦截使用成本高。目前传统火力打击主要集中于传统武器的反无人机功能改进与防空反导系统的升级。

2．高功率微波武器

（1）技术原理

高功率微波武器是向目标无人机发射吉瓦级的高功率微波脉冲,烧毁进入作用范围内无人机上的电子元器件,使无人机失去效能。高功率微波可以通过天线、传感器等微波接收通道(前门)或孔缝、电缆等非有意通道(后门)进入电子信息系统内部,损伤/扰乱其关键部件和电路,造成系统的不可逆功能丧失(损伤效应),或造成系统功能丧失且在微波作用后没有人为干预不能自动恢复(扰乱效应)。其典型的损坏和扰乱对象是电子设备的集成电路,这种特性让无人机成为高功率微波攻击的理想目标,即使在扰乱效应的情况下,也会造成无人机功能丧失甚至坠落。对典型无人机高功率微波辐射的大量实验证明,高功率微波对无人机的卫星定位系统、测控系统、电调系统、卫通系统、飞控系统、数据链系统、电子侦察接收设备等都具有损坏或扰乱效果。

（2）技术特点

为了降低成本、增加载荷能力,小型无人机尤其是设计用于集群作战的无人机大量采用轻质复合材料甚至木板(如美国的 LG - 1K 运输无人机)作为主要构件,电磁屏蔽性能差。加上大量的传感器和通信天线需要外置,小型低成本无人机极易受到高功率微波的攻击。此外,由于该技术采用强电磁脉冲攻击无人机的电子电路,无须知道无人机的通信、控制和其他的特性参数,就能够打击任意带有电子设备的无人机,并且攻击速度极快,能够同时打击多个目标,使用成本低,是一种较为理想的无人机反制技术。但目前还存在系统规模庞大、造价高昂的缺点。作为较为理想的无人机打击技术,目前世界各大国都在积极推进高功率微波反无人机武器的研制。

3．高能激光武器

（1）技术原理

高能激光武器是采用强激光持续照射目标无人机,使无人机机体受热燃烧,丧失飞行能力。利用激光武器实施硬摧毁的手段经过多年的发展,现已形成以固体光纤激光器为辐射源的多种舰载、车载和机载型激光武器系统。

（2）技术特点

该技术的显著优势是速度快、精度高、使用成本低、毁伤能力强。但高能激光系统结构复杂,实现门槛高,需要十分精确的跟瞄技术和高波束质量强激光,系统造价较高,并且激光传输受天气影响较大,在烟尘、雨、雪、雾、霾等天气条件下毁伤效果会大打折扣。

4．无人机拦截

从武器的发展史来看,任何武器的最大天敌就是自己,无人机也不例外,无人机拦截就是利用无人机自杀性撞击或装备反无人机武器,对目标无人机进行打击。该技术首次提出于 2011 年,时任美国联合无人机系统卓越中心负责人的马奎尔上校,在当年的国家无人机系统协会年会上提出建议,考虑研制格斗型无人机作为反无人机的重要手段,并研发廉价的长航时无人机加强对敌方无人机的侦察监视和打击引导。2015 年 1 月,美国陆军透露的一份研究报告指出,反无人机武器也可以安装在无人机上,增加用无人机击落其他无人机的可能性,具体方案包括干扰无人机的无线电指挥频率。2016 年 5 月,美国特种作战司令部科学和技术部门负责人托尼·戴维斯在国防工业协会主办的特种作战部队行业会议上称,特种作战司令部正在寻求无人机系统的"蜂群"和自主能力以抵御"蜂群"攻击。

第二章 反无人机技术发展趋势

反无人机技术目前尚处于探索发展阶段,随着无人机技术向小型化、集群化、隐身化、智能化等方向发展,反无人机技术也呈现出对抗螺旋式发展态势,具有机动灵活、软硬兼备、体系融合、高度智能等特征,具体趋势如下:

一、反无人机技术与人工智能不断深度融合

现阶段困扰无人机防控的核心问题和研究难点仍然是无人机的目标检测和识别跟踪问题。在人工智能技术发展的推动下,无人机目标检测算法的研究逐渐从传统的基于经验特征的目标检测算法向基于深度学习的目标检测方向发展,尤其是在光电探测方面,基于深度学习的目标检测方法的整体性能逐渐超越了传统算法。由于低空无人机目标是较为典型的"低慢小"运动目标,在运动过程中也具有变尺度特性,更需要在识别时将其与飞鸟、风筝、气球等其他干扰物体进行有效区分。采用基于深度神经网络的识别模型,能够在很大程度上提高弱小运动目标的变尺度识别问题,可以取得较高的识别精度,提高抗干扰能力,提高识别模型的鲁棒性,有效提供关于低空无人机的方位、尺寸、类型等信息,将是未来低空目标探测感知技术的核心。目前主要问题在于:①数据采集难度相对较大、成本较高,多数研究均基于仿真数据或少量实测数据进行验证,这无疑限制了无人机目标检测算法的发展。②算法的精度和运行速度仍然有较大的提升空间,缺少一个大规模的标准数据集来进行深度学习算法的训练和算法的横向对比。

二、察打一体化技术成为发展主流

现有的干扰类和直接摧毁类反无人机系统均着眼于已发现的无人机目标,工作过程需要人为操控或干预,而监测控制系统虽然可及时发现无人机目标并对其进行定位,但无法对目标进行有效的拦截和打击。目前,已有部分反无人机系统采用探测和打击相结合的方式,利用检测类系统对目标进行定位,再利用干扰或摧毁类系统对其进行拦截,这种方式虽可以实现自动拦截,但需要两套系统和额外的信息交换系统配合,具有体积大、实时性差、不便于部署等诸多问题。随着无人机探测和防护技术的不断成熟,各子系统设备将逐渐小型化,并最终融合为察打一体式反无人机系统,该系统同时兼具监控和打击能力,可直接部署,独立完成从发现到拦截无人机的全过程。察打一体化系统的集成度更高,能使硬件和软件的控制更加高效,从而提高其实时性和精确性。同时,由于不需要控制人员的介入,该系统可以大量部署以覆盖更大的区域,所以将是未来反无人机系统技术发展的重要方向。

三、新型软杀伤反制技术逐渐走向实战

现有软杀伤技术大多针对无人机的遥控信号进行干扰,对预设程序自主飞行且关闭遥控数据链路的无人机则无能为力,由此,新型软杀伤反制技术悄然兴起,并逐步走向实用。

(一)电子围栏技术

对于部分需要隐蔽的高价值目标或敏感区域而言,反无人机系统无法利用雷达等主动探测系统进行远距离无人机目标探测。虽然可以采用光电被动探测手段对无人机进行探测,但其作用距离有限,进行大范围覆盖时所需系统的成本急剧上升,且可能无法实现。因此,针对隐蔽目标和敏感区域的反无人机需求,可采用基于定向电子干扰的电子围栏技术来实现对低空无人机的静默防护,其关键核心技术是利用定向天线进行干扰信号广播,在指定频段上对指定方向、指定距离内的无人机目标进行信号干扰,在实现对无人机导航、遥控、图传信号压制的同时,降低暴露真实目标位置信息的概率,达到保护隐蔽目标和敏感区域的目的。由于该类系统的技术难度较低、成本较小,适合在目标区域边界上进行组网部署,并具有无人值守、灵活性高等优点,因此是未来反无人机系统发展的重要组成部分。

(二)诱骗干扰技术

早在 2011 年 12 月,美军 RQ - 170"哨兵"无人侦察机在入侵伊朗领空 250 km 时被伊朗捕获。该事件表明,在切断无人机与地面控制中心的数据联系并迫使其进入自动导航状态后,通过使用转发式诱骗干扰技术向无人机发送含有错误信息的 GPS 诱骗信号,就无须破解无人机远程控制指令与通信信号即可使其降落在指定地点。2012 年 12 月,伊朗再次捕获一架美军"扫描鹰"无人侦察机,又一次证明了该诱骗方法的有效性。因此,当所要保护的目标区域的地理坐标为已知时,非合作无人机可以采用屏蔽外部遥控和图传信号的方式,只凭借导航信号来实现对目标区域的入侵。针对上述反无人机作战的需求,可以采用基于 GPS 导航信号欺骗的诱骗式反无人机技术。该类系统主要是通过发射欺骗导航信号,实现对非合作无人机导航部件的诱骗阻断。同时,还可以将该技术与区域电磁环境管控系统相结合,通过在发射区域增强导航信号保障授权无人机正常飞行,实现对非合作无人机的驱离与迫降。

(三)赛博控制技术

现有消费级无人机为了方便用户在移动设备上进行操控,通常会采用 Wi - Fi 网络和远程开放端口来进行交互,因此可以将无人机视为网络上的设备,使用黑客技术进行入侵控制,即使用赛博空间上的控制技术来实现对入侵无人机的反控制。例

如,开发出"萨米蠕虫病毒"的传奇黑客萨米·卡姆卡尔就通过编写"skyjack"无人机劫持软件,并安装到特殊配置的无人机中,实现了在空中飞行时对指定 Wi-Fi 范围内其他无人机的入侵,进而完成了赛博控制并成功取得了目标无人机的控制权。在 2015 年 10 月的黑客大赛 Geek Pwn 上,参赛选手成功演示了利用安全漏洞来实现对大疆无人机的无线劫持。虽然受网络加密与 Wi-Fi 路由信号衰减的影响,该技术的难度较大且存在距离限制,但随着无线通信技术水平的提升,该技术也将成为未来反无人机系统技术的重要组成部分。

本书技术篇从技术视角呈现世界反无人机技术的发展现状与未来趋势,后续的篇章主要从装备视角展现世界反无人机装备建设发展情况,同时也是本书的主要研究和分析的视角。

第二篇
美国典型反无人机装备和产品

21世纪以来,全球已经有超过80个国家装备了各类型的无人机。美国对无人机的研发与应用始终处于国际领先水平,在不同战略背景下,各阶段对无人机在冲突中的角色设计和典型应用场景都有较为丰富的实践经验。美国典型反无人机装备研发模式主要由国防部等相关机构牵头,并由其带领实力雄厚的军事供应商和防务公司开展反无人机系统的研制。因此,本篇主要以"公司/研究院所+所属系统装备"的方式对美国典型反无人机装备和产品进行分类介绍,主要包括基本情况、性能参数、装备特点以及作战应用情况等信息。

第三章 雷神公司

雷神公司(Raytheon Company)[1]是一家位于美国马萨诸塞州(沃尔瑟姆)的大型国防合约商,按营收和市值计算,该公司是全球较大的航空航天、情报服务提供商和国防制造商之一,主要研究、开发、制造相关领域的先进技术产品,包括飞机发动机、航空电子设备、航空结构、网络安全、制导导弹、防空系统、卫星和无人机等。

在反无人机领域,雷神公司也有一席之地。雷神公司从军方获得了激光武器和微波武器的合同,而且均已研制出对应的原型机,其中微波武器已经通过大规模实验,车载和机载激光武器反无人机系统均已获得来自军方的订单。定向能武器是反无人机系统未来发展趋势的典型代表,一系列的产品的发展也标志着雷神公司已经具备初始反无人作战能力。

雷神公司主打的反无人机设备包括侦察设备和打击设备。侦察设备有Ku波段射频系统(Ku-band Radio Frequency System,Ku RFS)、AN/MPQ-64"哨兵"雷达(AN/MPQ-64 Sentinel);打击设备主要有"郊狼"反无人机巡飞弹系统(Coyote® Unmanned Aircraft System,Coyote UAS)、"相位器"高功率微波系统(Phaser High-Power Microwave System)以及"毒刺"导弹(Stinger Missile,FIM-92)防空系统。

1　来源于雷神公司官方网站,https://www.rtx.com。

Ku 波段射频系统

（一）系统基本情况

Ku 波段射频系统（Ku RFS）[1]是一种 360°多任务雷达系统,如图 3-1 所示。它的设计初衷是帮助美国陆军探测从伊拉克和阿富汗来袭的无人机、火箭、大炮和迫击炮,当前也被用作反无人机系统雷达。

该系统适用于多种武器系统,其中包括陆基密集阵武器系统（Phalanx Weapon System)、50 mm 口径火炮和 30 mm 口径大炮。该系统可以提供目标的距离、方位、仰角、速度和属性等信息,完成重点区域活动目标的探测和警戒任务,为低空空域监视和管理提供有效的信息支援。

图 3-1 Ku 波段射频系统

（二）性能参数及特点

Ku 波段射频系统采用了一种被称为有源电子扫描阵列的雷达传感技术,该技术使用许多小型天线,而非单一的强力天线,可以更好地控制波束。该系统在电磁频谱的 Ku 波段运行,可以实现更高分辨率的成像。对于追踪较小型的飞行目标来说,这是一个非常有效的手段。

图 3-2 Ku 波段射频系统实现精准遥测

Ku 波段射频系统是一种 360°雷达,可以实现精准遥测,为防御性武器进行提前告警,在 30 min 内即可完成固定位置或者车辆上的装配任务,如图 3-2 所示。

（三）典型应用案例

据美国《陆军公认》2018 年 11 月 2 日报道,美国陆军授予雷神公司一份价值 1.91 亿美元的 Ku 波段射频雷达合同。根据不同作战场景,Ku 波段射频系统支持与"郊狼",高能激光、陆基密集阵武器系统,50 mm 口径火炮和 30 mm 口径大炮等配套使用。2020 年 5 月 12 日,雷神公司宣布,其 Ku 波段射频系统和 Ku 720 雷达在战

---

1 Ku RFS：Ku-band Radio Frequency System,https://www. raytheonmissilesanddefense. com/what-we-do/counter-uas/sensors/kurfs。

场上完成了 150 万小时的作战任务,为美国陆军提供了关键的探测、识别及拦截支持。

AN/MPQ - 64 "哨兵" 雷达

(一) 系统基本情况

AN/MPQ - 64 "哨兵" 雷达(AN/MPQ - 64 Sentinel)[1] 是雷神公司研发的一款 X 波段(8~12.5 GHz)三坐标雷达,如图 3 - 3 所示,最初设计用于美国陆军前沿区域防空(Forward Area Air Defense, FAAD)系统。"哨兵" 雷达使用先进的相控阵技术来探测、跟踪、分类和识别固定翼和旋翼飞机、巡航导弹以及无人机等目标。AN/MPQ - 64 "哨兵" 雷达的衍生型号包括 AN/MPQ - 64F1、AN/MPQ - 64A3、"高架哨兵""改进哨兵 SAVDS" 等。其中,AN/MPQ - 64F1 雷达具有目标探测、识别、分类和跟踪功能,空域搜索范围大于 75 km。此外,这款雷达还具有反火箭、火炮和迫击炮(Counter - Rocket, Artillery, Mortar, C - RAM)模式,可以提供敌方火力源的信息,以及在战场上进行预警的弹着点信息。

图 3 - 3　AN/MPQ - 64 "哨兵" 雷达 [2]

(二) 性能参数及特点

AN/MPQ - 64 "哨兵" 雷达可以在发现敌机、直升机、无人机或导弹的情况下向前线防空武器发出警报,并实时记录被追踪对象的距离、方位、高度,从而达到三维覆盖的目的,如图 3 - 4 所示,AN/MPQ "哨兵" 雷达正在跟踪物体的距离、方位和高度。同时,该雷达支持多个指令控制界面,为对抗无人机、巡航导弹以及固定翼和旋

1　来源于 https://missiledefenseadvocacy.org/defense-systems/an-mpq-64-sentinel/。

2　来源于 http://missiledefenseadvocacy.org。

翼飞机提供持续对应的空中监视和火控数据;其系统既适用于固定场所,也适用于高度机动的操作[1],如图3-5、图3-6所示。AN/MPQ-64"哨兵"雷达关键性能参数见表3-1所列。

图3-4 AN/MPQ-64"哨兵"雷达正在跟踪物体的距离、方位和高度

图3-5 AN/MPQ-64"哨兵"雷达"隐身"部署在固定位置

图3-6 AN/MPQ-64"哨兵"雷达机动式部署

表3-1 AN/MPQ-64"哨兵"雷达关键性能参数

性能指标	参 数
长度×宽度	3.4 m×2.2 m
高度	3.4 m(架设天线); 2.4 m(撤收天线)
重量	1 742 kg
波束宽度 (发射)	1.8°(垂直); 2°(水平)

1　雷神公司 AN/MPQ-64"哨兵"雷达简介,https://mp.weixin.qq.com/s/yOfiS_JhYVufdAJtCNXZOA。

续表 3 - 1

性能指标	参　数
工作频率	8～12.5 GHz
探测范围	30 km(巡航导弹); 40 km(战斗机); 75 km(轰炸机)
方位覆盖范围	360°
俯仰覆盖范围	22°(可选范围−10～55°)
转速	30 r/min(Revolutions Per Minute 转每分)
目标容量	50
距离精度	40 m(RMS Root Mean Square,有效值)
方位精度	0.2°(RMS)
俯仰精度	0.2°(RMS)
架设时间	15 min
撤收时间	10 min
天线类型	相控阵
发射机类型	TWT(Traveling Wave Tube,行波管)

(三) 典型应用案例

美国陆军和其盟军在世界各地部署了 300 多个 AN/MPQ - 64"哨兵"雷达,美国陆军还将继续从该公司购买 56 套改进型 AN/MPQ - 64"哨兵"雷达。2022 年 4 月 18 日,美国总统拜登授权了最新一轮价值 8 亿美元的军事援助,已向乌克兰派出过四次携带军队援助物资的航班,新一批军备包括 AN/MPQ - 64"哨兵"雷达等。

"郊狼"反无人机巡飞弹系统

(一) 系统基本情况

"郊狼"反无人机巡飞弹系统[1]最早由先进陶瓷研究(Advanced Ceramic Research)公司研制,于 2007 年首飞。2009—2015 年,先进陶瓷研究公司先后被 BAE 系统公司、森斯特(Sensintel)公司收购,最终于 2015 年 1 月并入雷神公司。该系统

---

[1] Coyote UAS:Raytheon Missiles & Defense, https://www.raytheonmissilesanddefense. com/what-we-do/counter-uas/effectors/coyote。

是小型化、可消耗、管式发射的无人机,能够从地面、空中或舰船上部署发射,可以单独飞行,或者联网组成蜂群,适用于各种监视、电子战和打击任务。它具有成本低、安全可回收的特点,具备半自主弹间合作能力,"郊狼"反无人机巡飞弹系统如图 3-7 所示。目前"郊狼"反无人机巡飞弹系统已被美国陆军、海军、海军陆战队采办或部署,其自主性模块、抗干扰数据链也已应用到了美国空军研究实验室(Air Force Research Laboratory,AFRL)的"金帐汗国"项目,它已成为未来美国海军、空军和陆军大量后续活动和计划的重要装备。

图 3-7 "郊狼"反无人机巡飞弹系统

"郊狼"反无人机巡飞弹系统配装了一个先进的导引头和一个战斗部,可以通过 Ku 波段射频系统雷达的引导来识别并摧毁有威胁的无人机。"郊狼"反无人机巡飞弹系统与 Ku 波段射频系统联合反无人机作战试验如图 3-8 所示。

除"郊狼"反无人机巡飞弹系统基础型以外,雷神公司于 2017 年推出了"郊狼"第 1B 批次(Block 1B)反无人机巡飞弹系统,该巡飞弹系统配装先进传感器和战斗部,采用射频导引头。2019 年推

图 3-8 "郊狼"反无人机巡飞弹系统
与 Ku 波段射频系统联合反无人机作战试验

出"郊狼"第 2B 批次(Block 2B)多任务巡飞弹系统,摒弃原折叠矩形弹翼和 V 型尾翼,采用正常式布局,4 组折叠主翼和舵面分别位于同一平面,增加喷气式涡轮发动机,如图 3-9 所示。

据军用嵌入式系统网站 2021 年 7 月 21 日报道,美国陆军在亚利桑那州尤马试验场的一次测试中,使用雷神公司的"郊狼"Block 3 反无人机巡飞弹系统成功击败了无人集群。图 3-10 所示为"郊狼"反无人机巡飞弹系统发射概念图。

图 3-9 "郊狼"Block 2B

图 3-10 "郊狼"反无人机巡飞弹系统发射概念图

（二）性能参数及特点

"郊狼"系统成本低,具有执行监视、定位和实时损害评估等功能,其设计的目的是在挽救生命的同时降低操作成本,适用于瞄准援助、确保周边安全和进行科研任务。"郊狼"反无人机巡飞弹性能指标见表 3 - 2 所列。

（三）用途和典型案例

"郊狼"反无人机巡飞弹是美国海军研究办公室"低成本无人机集群技术"项目的重要组成部分,该项目可提供陆、空、水面和水下平台发射的情报监视侦察型巡飞弹,并可单独或成群地与有人作战系统协同作战。2016 年 4 月,美国海军研究办公室开展的"低成本无人机集群技术"发射试验中,多枚"郊狼"巡飞弹先后从地面发射装置中弹射,并在空中进行编组飞行,如图 3 - 11 所示。

表 3 - 2 "郊狼"反无人机巡飞弹关键性能参数[1]

性能指标	参　数
机身高度	0.79 m
机身长度	0.3 m
翼展	1.47 m
螺旋桨直径	0.33 m
净重	5.9 kg
最大承重	6.4 kg
最大有效载荷	1.4 kg
作战高度	150～365 m
实用升限	6 905 m
最高速度	157 km/h
航速	111 km/h
最小速度	93 km/h
作用半径	37 km
续航	1 h 30 min
电动装置	电动机

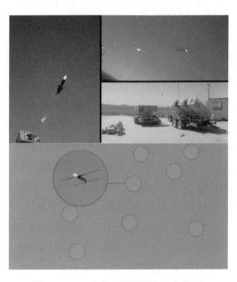

图 3 - 11　多枚"郊狼"反无人机巡飞弹空中进行编组飞行[2]

1　Coyote[DB/OL],United States:Electronic Mission Aircraft,2011 - 01 - 11.

2　陈珊珊,美国雷神公司"郊狼"巡飞弹发展及未来趋势[N],中国航空报.

2020年5月,"郊狼"反无人机巡飞弹系统被美国政府批准对外军售。2021年3月,美国海军研究办公室授予雷神公司一份价值3285.32万美元的"郊狼"第3批次研制合同。目前,"郊狼"系统已经为多个美国政府客户和演示项目完成了飞行测试[1]。

除了美国国防部的任务外,美国国家海洋和大气管理局也使用"郊狼"系统进行飓风跟踪模拟试验,美国国家海洋与大气管理局在2017年成功地在玛丽亚的风眼安装了6种"飓风猎手"系统,在玛丽亚的风速超过100 mi/h的情况下,"郊狼"系统也能收集到风暴信息并将其直接传输到国家飓风中心。

"相位器"高功率微波系统

(一)系统基本情况

"相位器"(Phaser)高功率微波系统[2]是一种容器化的大功率微波定向能武器,可以利用自身的雷达探测和跟踪威胁目标,并使用强大的无线电波攻击目标,如图3-12所示。定向能系统发射可调节的能量束,当瞄准无人机等空中目标时,可使它们无法飞行[3]。该系统可以自由调节模式,实现从"中断"模式向"破坏"模式转换。在破坏模式中,"相位器"可以发射出足以

图3-12 "相位器"高功率微波系统

引爆无人机内部电子部件的强大微波,利用定向能量以光速将无人机击落(单个或成群),使用者将宽大的弧形能量束聚焦在无人机上,无人机将会有短促且高功率的电磁能量爆发,摧毁它们的电子设备并同时将它们从空中击落。"相位器"高功率微波系统的作用机理如图3-13所示。

根据该系统的有效作用范围,它可以在其他空中威胁存在的情况下摧毁包括有人驾驶飞机、直升机和导弹等在内的各种电子设备。通过对"相位器"系统的炮塔部署位置调整,该系统还可针对地靶目标进行攻击。

(二)性能参数及特点

"相位器"高功率微波武器系统以柴油为动力,安装在20 ft(6.096 m)高的集装

1　雷神公司"郊狼"反无人机巡飞弹系统 https://www.sohu.com/a/479993699_313834。

2　Phaser High-Power Microwave System:Raytheon Missiles & Defenses. https://www.raytheonmissilesanddefense.com/what-we-do/counter-uas/effectors/phaser-high-power-microwave。

3　无人机蜂群的克星:探秘美国新型高功率微波武器 https://mp.weixin.qq.com/s/fTKJXWUcy3alqj8qdbH8_A。

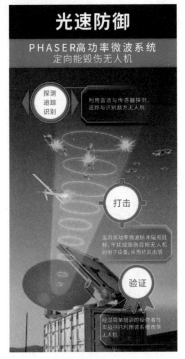

图3-13 "相位器"高功率微波系统作用机理

箱上,可以在搜索雷达的引导下跟踪无人机,随后该系统会一直跟踪目标所在的位置,通过碟形天线向威胁物方向发射高能微波,烧毁目标物内部的电子元件。该系统不仅能够击落无人机及其集群,还可用于摧毁目标范围内的汽车、坦克、直升机及其他电子设备。该系统主要由三部分组成:AN/MPQ-64"哨兵"地空警戒雷达、近程战术雷达和高功率微波地面站。三者呈三角形布局,正对无人机可能出现的方向,其中高功率微波地面站在前,方便地空警戒雷达和近程战术雷达发挥其探测距离远、扫描范围广的优势。

"相位器"高功率微波系统杀伤时间仅需几毫秒,而激光武器要摧毁目标通常需要聚焦目标数秒的时间。其单发成本仅几美分,与导弹成本相比几乎可以忽略。该系统可消灭的最大尺寸目标可参照RQ-11"渡鸦"式(RQ-11 Raven)无人机和"扫描鹰"(Scan Eagle®)无人机,如图3-14 所示。RQ-11"渡鸦"式无人机是一种手持发射的轻型侦察用无人机(Unmanned Aerial Vehicle,UAV),由航空环境公司(Aero Vironment Inc.)替美国军方发展制造,于2002年时开始实际军事部署,主要用于战场上的低空侦察、监视与目标辨识。"扫描鹰"无人机是一种自主无人机,属于"扫描鹰"无人机系统的一部分,由波音公司的全资子公司In-situ Inc.开发和制造,全机长5 m,翼展为3 m,能够在陆地和海洋环境中运行。

图3-14 "相位器"高功率微波系统可以消灭的最大尺寸目标代表——"扫描鹰"无人机

(三)用途和典型案例

2013年9—10月,美国陆军在俄克拉何马州锡尔堡成功使用"相位器"高功率微波系统进行了拦截小型无人机目标的防空试验。2020年12月,"相位器"高功率微波系统在美国柯特兰空军基地进行了测试,美国空军人员使用雷神公司制造的微波系统和高能激光器击落了数十架小型无人机,其中既包括单独飞行的目标无人机,也有成群结队的机群。在测试中,经过一天的训练,飞行员就可以控制微波和激光系统。高能激光系统可以与雷神公司的多光谱传感器目标系统配合使用,它可以安装在小型全地形军用车辆上,用于检测、识别、跟踪和使用无人机,能够击落无人机及其机群,还可用于摧毁目标范围内的汽车、坦克、直升机及其他电子设备。

"毒刺"导弹防空系统

(一) 系统基本情况

"毒刺"导弹[1]防空系统是一种可由地面部队快速部署的轻型独立防空系统,如图 3 - 15 所示。在 4 次重大冲突中,该武器实现了超过 270 次的固定翼和旋翼无人机拦截。该系统广泛部署在 19 个国家以及美国 4 个军事部门。"毒刺"导弹主要有三种改型,分别为 Stinger 基本型、Stinger 无源光学导引头技术(Pas-

图 3 - 15 "毒刺"导弹

sive Optical Seeker Technique,POST)和 Stinger 可重编程微处理器(Re - programmable Microprocessor,RMP)。

雷神公司正在根据美国陆军的需求,升级改进"毒刺"导弹相配套的红外线导引头、引信(采用更新的 M934E6/M934E7 引信)、战斗部等装置,以此帮助该设备具备更高的空中目标(尤其是无人机)命中概率和毁伤率。据称,升级后的"毒刺"导弹将具备更加优异的反无人机作战能力,而其对于空中目标的命中率也将达到 100%。根据美国陆军当前的规划,这种升级后的"毒刺"导弹将被命名为"增强型毒刺"导弹,在完成相应的测试后,它或将于不久的未来正式装备美国陆军。如图 3 - 16 所示,"毒刺"导弹成功完成打击无人机测试。部分美国盟友的军队也都将在未来一段时间内陆续配备这种升级后的"毒刺"导弹。

图 3 - 16 "毒刺"导弹成功完成打击无人机测试

---

1 Stinger Missile:Raytheon Missiles & Defense,https://www. raytheonmissilesanddefense. com/what - we - do/land - warfare/precision - weapons/stinger - missile。

(二) 性能参数及特点

"毒刺"导弹采用光学瞄准和红外制导,单发命中概率可达75%;基本火力单位是发射组,每组由2人组成,装备一具发射筒和6枚导弹,1个敌我识别器,具备"发射后不理"特点,发射情况如图3-17所示。发射出的导弹会自动跟踪目标实施攻击,士兵可以在发射后立刻撤离自行隐蔽,从而增大了自身的生存概率。"毒刺"导弹配置了良好的敌我识别系统(AN/PPX-1IFF),其防空系统具有双导向的红外线和紫外线双波段追踪,再加上软件控制,能够提供全方位探测和自导引能力;同时,"毒刺"的敌我识别系统能够在0.7 s内对敌我目标进行区分,以避免误射。"毒刺"导弹防空系统配备了由美国军械公司提供的常规高爆、穿透性打击杀伤弹头射弹。导弹的红外导引头具有极好的感受金属上的红外辐射信号能力,发射后不但能跟踪目标飞机尾部热气流,进行追尾打击,还能根据飞机表面红外信号,进行迎头打击。"毒刺"便携式防空导弹系统的制导装置配备了一颗新型微处理器,可执行玫瑰花瓣式扫描,进而有效分辨背景讯号、诱饵和目标之间的差别,提高了系统的抗红外干扰能力[1],"毒刺"导弹的捕获、跟踪和打击目标过程如图3-18所示。

"毒刺"采用两级发动机,一级发射用发动机负责将导弹推出筒内然后分离,二级主发动机在远离发射士兵一段距离后才会点火,以保护发射士兵不被尾焰灼伤。"毒刺"导弹性能参数指标见表3-3所示。

图3-17 两人一组发射"毒刺"的美军士兵　　图3-18 "毒刺"导弹捕获、跟踪和打击目标过程

---

1 揭秘美军低空杀手:毒刺导弹防空系统,http://www.360doc.com/content/22/0605/10/70511897_1034606957.shtml。

表 3 - 3　"毒刺"导弹性能参数指标

性能指标	参　　数
重量	15.19 kg
长度	152 cm
宽度	13.96 cm
直径	70.1 mm
推进力	双推力固体燃料火箭发动机
目标射程	最大是 3.8 km,可在 3.8 km 的高度交战
范围	1~8 km
引信	穿透、冲击、自毁
引导系统	即发即弃的被动红外导引头
弹头	高爆
射速	每 3~7 s 发射一枚导弹

(三) 典型案例

在 2017 年的一次陆军测试中,一对"毒刺"导弹使用近距引信拦截了两架无人机,由此可见,改进后的导弹可以帮助地面部队更好地防御小型威胁。2019 年,美国陆军开始使用近距引信改装"毒刺"导弹,这使得导弹可以通过直接命中或在附近引爆的方式来摧毁无人机载系统。2022 年 2 月,多个国家宣布向乌克兰军队提供"毒刺"导弹,包括德国、丹麦、荷兰、意大利、拉脱维亚、立陶宛和美国等国。截至 2022 年 3 月 7 日,美国报告称其及北约盟国一起向乌克兰提供了 2 000 多枚"毒刺"导弹,而其在俄乌战争中已屡立奇功,俄军的卡-52、米-24 等都曾被乌军的"毒刺"击落,如图 3 - 19 所示。

图 3 - 19　"毒刺"导弹击落一架俄军米-24 直升机

第四章 诺思罗普·格鲁曼公司

诺思罗普·格鲁曼公司[1]（Northrop Grumman）是美国一家从事航空航天和国防技术研发的跨国公司，是世界上较大的武器制造商和军事技术供应商之一，是世界第四大军工生产厂商，在 2020 年《财富》美国 500 强名单中排名第八十六位。公司组建于 1994 年，主要为美国和国外的军方、政府和商业客户提供安全防务信息保障技术的创新解决方案。该公司主要服务方向包括空气动力学研究及飞机制造、飞机配件及设备、计算机系统设计、轮船制造及修理、汽车及客车制造、航天科学等，目前已成为世界上排名前列的雷达制造商和海军船只制造商。

诺思罗普·格鲁曼公司持续研发应用先进的电子战技术，试验构建下一代电子对抗（Electronic Counter Measures，ECM）系统，以保护地面部队免受无人机作战带来的伤害。作为电子对抗产品的主要生产商，该公司还提供可编程的软件干扰器，从而保障车辆或前方作战基地中的作战人员。在反无人机领域，诺思罗普·格鲁曼公司的主打产品为"毒液"（Venom）反无人机系统。

"毒液"反无人机系统

（一）系统基本情况

2015 年，诺思罗普·格鲁曼公司推出了名为"毒液"[2]的反无人机系统。"毒液"是一种地面轻型激光测距定位系统，可以在白天、夜晚或模糊条件下识别目标。"毒液"系统可为火力支援提供精确的目标坐标，可接收"旋转—提示"（slew‐to‐cue）传感器信息，并锁定、跟踪低飞的小型无人机。通过嵌入式传感器，实现了对移动目标的精确定位，这个重要能力为机动部队提供了附加的保护。同时，该系统可以通过增加数量的方式帮助战士们在作战计划和执行中获得更大的灵活性。

（二）性能参数及特点

"毒液"反无人机系统是一种地面定位系统，该系统结合了诺思罗普·格鲁曼公司的轻型激光指示器测距仪（Lightweight Laser Designator Rangefinder，LLDR）技

1　Home‐Northrop Grumman，https：//www.northropgrumman.com。

2　Venom Laser Designator Rangefinder：Targeting Pod on the Ground‐Northrop Grumman，https：//www.northropgrumman.com/what‐we‐do/land/venom‐laser‐designator‐rangefinder‐targeting‐pod‐on‐the‐ground/。

术,确切地说是该测距仪的一个能力增强[1]。该系统将轻型激光指示器测距仪集成到一个万向架上,为精确制导弹药指示目标,帮助作战人员在装甲车上移动时安全的瞄准移动和固定目标。只要保持轻型激光指示器测距仪在一个通用的、稳定的和平衡的底座上,"毒液"系统就可支持其转移到所有交通工具上,车载式"毒液"系统如图 4 - 1 所示。"毒液"系统性能参数见表 4 - 1 所列。

表 4 - 1 "毒液"系统性能参数

性能指标	参　数
探测手段	LLDR
探测距离	可视距离内
重量	122 kg
弹药规格	30 mm×113 mm
发射初速度	765～805 m/s
射程范围	有效射程 2 000 m; 最大射程 3 000 m
发射模式及射速	单发:220～230 发/分钟 连发:1 100～1 300 发/分钟

图 4 - 1　车载式"毒液"系统

"毒液"系统的快速拆卸和模块化设计使作战人员可以轻松地断开轻型激光指示器测距仪,并进行单兵便携式操作。"毒液"系统还具备移动精准定位能力,这种关键的能力可以为部队在机动时提供一层额外保护。

(三) 典型用途

"毒液"反无人机系统可为空中打击提供精确的目标坐标,用于火力支援、接收电子暗号信息、锁定和跟踪低空飞行无人机。截至 2015 年,"毒液"系统已交付 2 700 多套。2015 年 7 月,在美国俄克拉何马州锡尔堡进行的美国陆军机动火力综合试验(Maneuver Fires Integrated Experiment,MFIX)演习行动中,由两辆车搭载的"毒液"系统为火力支援提供精确的目标坐标,展示了其识别和跟踪小型无人机系统以及机动精确瞄准能力。

1　来源于《无人机拦截,雷达探测,无人机干扰,五大反无人机技术全揭示》,https://www.sohu.com/na/511728582_121263423。

第五章 波音公司

波音公司[1]（Boeing）是一家美国跨国公司，于1916年创立于美国华盛顿州西雅图，是全球著名的航空航天公司之一。波音公司在全球范围内设计、制造和销售飞机、旋翼飞机、火箭、卫星、电信设备和导弹等，是全球领先的商用喷气客机、国防、太空和安全系统制造商，以及售后支持服务提供商。该公司作为美国最大的制造业出口商之一，为150多个国家/地区的航空公司以及美国和盟国政府客户提供支持。波音公司主要服务方向包括商用和军用飞机、卫星、武器、电子和防御系统、发射系统、先进的信息和通信系统等。

波音公司建立初期以服务军事为主，到20世纪60年代其主要业务由军转民，但仍然致力于发展军用业务。目前波音公司四个主要的业务集团中便包括一个综合国防系统。波音综合国防系统集团（Boeing Integrated Defense Systems）主要生产军用飞机、导弹以及运载火箭等产品，为全球的国防、政府和商业用户提供大规模系统的"端对端"服务。波音综合国防系统集团设计、制造、改装战斗机、轰炸机、运输机、旋翼机、空中加油机、导弹及武器系统，并保持着无人驾驶系统军事技术领域中的领先地位。综合国防系统集团还支持着美国政府的数个重要国防项目，包括防御署的地基中程防御项目、国家侦察办公室的未来成像系统、美国空军运载火箭项目，以及美国航空航天局的国际空间站项目等。

波音公司很早就展开了对无人机的研究，2003年就已经承接美国国防部高级研究计划局（Defense Advanced Research Projects Agency，DARPA）提出的"蜻蜓"无人机计划。对于反无人机装备，波音公司认为，消灭无人机的最好办法就是用精密激光把它烧出一个洞，让它从空中坠落。为此，波音公司开发多种配置的紧凑型激光武器系统（Compact Laser Weapon System，CLWS），旨在应对低空低速小型无人机威胁。

紧凑型激光武器系统

（一）系统基本情况

紧凑型激光武器系统[2]是一种模块化的高能激光系统，可针对无人机系统提供有效的防空能力，由美国波音公司的激光与光电系统（Laser&Electro－Optical Sys-

---

[1] 来源于波音公司官网，https://www.boeing.com。

[2] Compact Laser Weapon System | Military Periscope，https://www.militaryperiscope.com/weapons/artilleryguns/combat-vehicle-guns-air-defense/compact-laser-weapon-system。

tems,LEOS)团队研制。紧凑型激光武器系统以破坏和拦截为主要手段,利用定向能的激光增强其杀伤力。

作为地面应用,该武器可以安装在三脚架及其他相应的军用集装箱顶部,同时配备电力和冷却子系统。此外,该系统还包含一个集成的反无人机系统软件包,包括用于检测的雷达系统和用于目标识别及目标选择的高分辨率传感器系统。现场测试期间容器化配置的紧凑型激光武器系统如图 5 - 1 所示。

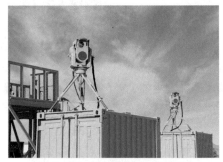

图 5 - 1　现场测试期间容器化配置的紧凑型激光武器系统

(二)性能参数及特点

紧凑型激光武器系统主要由激光器、发射系统、电力和制冷系统四个部分构成。其设计主要是为了应对四旋翼飞机和其他同等飞行器的"低慢小"无人机威胁,发射功率有 2 kW、5 kW 两种,其在测试案例中击败了 30 个目标。据 2021 年 3 月 29 日波音官网称[1],紧凑型激光武器系统装置的最大波束功率和可靠性得到了改善,不仅可以击落 3 km 以外的小型无人机,且能使 7 km 范围内的无人机的情报、监视和侦察传感器失效。在运行过程中,紧凑型激光武器系统向基地操作员传输了有关威胁以及护卫舰各个组成部分的实时视频和读数,提供实时态势感知和远程操作能力,并通过网络接收目标告警,击败无人机。

(三)用途和典型案例

紧凑型激光武器系统通常被安装在联合轻型战术车(Joint Light Tactical Vehicle,JLTV)或其他轻型战场车辆的顶部,也可以安装在三脚架后并装备在发电机上,以便于在中型前方作战基地或大型设施的周边帮助打击无人机。安装在史崔克(Stryker)装甲车上的紧凑型激光武器系统如图 5 - 2 所示。

波音公司和其他几家公司在 2019 年 10 月参加了美国空军和美国陆军战略发展规划试验和机动与火力综合试验演示活动。波音公司使用其 5 kW 的紧凑型激光武器系统进行了几次能力演示。测试操作人员使用游戏风格的手持控制器来获取和跟踪目标。在一个标准的海运集装箱上,安装于固定位置的紧凑型激光武器系统成功击落了 30 架飞行中的小型无人机。2020 年 9 月 3 日,在内华达州内利斯空军基地进行的高级战斗管理系统的现场测试中,紧凑型激光武器系统成功地保护了一支

1　波音:新闻中心:http//www.boeing.cn/presscenter/

护卫车队免受安装在小型通用任务车上的无人机系统的攻击。如图 5-3 所示,紧凑型激光武器系统安装在小型通用任务车上。

图 5-2　安装在史崔克(Stryker)
装甲车上的紧凑型激光武器系统

图 5-3　紧凑型激光武器系统
安装在小型通用任务车上

目前,紧凑型激光武器系统已部署到战区,在数十次演示场景中有击落 300 多架无人机的战绩,并已列装部队。2020 年 12 月 19 日,波音公司已经升级并向美国国防部交付了第一批先前部署的紧凑型激光武器系统,提高了其最大光束功率和可靠性。

第六章　美国锡拉丘兹公司

美国锡拉丘兹公司[1](SRC Inc.)成立于1957年,是一家为国防和情报等领域提供开发解决方案的非营利性研发公司,其前身为锡拉丘兹研究公司(Syracuse Research Corporation),曾是锡拉丘兹大学的非营利性机构,后因管理不善等原因于1975年正式脱离大学。2008年,该公司正式更名为SRC Inc.。SRC Inc.由纽约州特许,设立总部于纽约州锡拉丘兹北部。该公司研究先进的雷达、电子战和通信系统,并提供情报咨询和工程、环境化学、毒理学和风险评估等服务。SRC Inc.致力于设计、开发和制造获得国家认可的用于陆地、海洋、空中和空间的先进雷达和电子战,同时还为国防安全研究、开发和部署情报解决方案。2006年,SRC Inc.创办了子公司SRCTec,为电子系统提供制造和生命周期支持,具体包括反火雷达、空中监视雷达和地面监视雷达等。SRC Inc.和SRCTec的客户包括美国国土安全部、国防部、陆军、空军、海军陆战队等军政机构,以及其他政府的合作伙伴和团队成员承包商。

自2005年以来,SRC Inc.一直与美国军队开展反无人机领域的研究合作,是美国军方重要的合作伙伴之一。2017年,美国国防部高级研究计划局还授予SRC Inc.公司价值高达650万美元的合同,旨在开发和检验针对探测及对抗无人机的移动能力。SRC Inc.在无人机领域的典型产品为"沉默射手"(Silent Archer)反无人机系统。

"沉默射手"反无人机系统

(一) 系统基本情况

"沉默射手"(Silent Archer)反无人机系统[2]是SRC Inc.在2019年向美国陆军交付的一种车载集成式反无人机系统,主要由TRL(Technology Readiness Level,技术就绪水平)8/9雷达、电子战系统(Electronic Warfare,EW)、测向仪、摄像机和3D用户显示界面组成,可以实现对1~5组小型低空低速无人机和无人机集群的检测、跟踪、分类、识别和干扰。"沉默射手"反无人机系统的构成如图6-1所示。

1　SRC Inc,https://www.srcinc.com
2　Silent Archer Counter-UAS Technology | SRC, Inc. https://www.srcinc.com/products/counter-uas。

（二）性能参数及特点

　　"沉默射手"反无人机系统利用空中监视雷达、电子战和测向系统对空中目标进行扫描,采集 3D 目标的位置和 A/B/C 波段的无线电频率信号等信息,以此确定无人机的目标信息,再使用光电、红外相机进行增强识别。通过视觉和光谱识别确认目标,一旦确定是威胁,可以以软杀伤的方式中断其通信链路,使其返回基站或紧急着陆;如果软杀伤无效,也可以使用动能或定向激光武器来击败无人机。"沉默射手"反无人机系统作战概念示意如图 6-2 所示。

图 6-1　"沉默射手"反无人机系统的构成　　图 6-2　"沉默射手"反无人机系统作战概念示意

　　"沉默射手"反无人机系统可以自行选择搭配配件,其中雷达部分主要配件型号包括:LSTAR 空中监视软件的 AN/TPQ-50、AN/TPQ-49A、"鹰头狮"R1410 多任务雷达(Gryphon R1410 Multi-Mission Radar)、精密火控雷达以及 Sky Chaser® 移动雷达;电子战系统部分主要配件型号包括:"沉默雷"多任务电子战系统(Silent Thunder™ Multi-Mission EW System)、NAVWAR 系统(Silent Resolve™ Navigation Warfare System)、SRC5986E 坚固微收发器、ANCILE™ 等;测向仪可选配件型号有:Whisper Hunter™ 测向装置、GryphonS1200 光谱传感器、TCI280 型系统等。

　　表 6-1 中以"鹰头狮"R1410 多任务雷达、Whisper Hunter™ 测向装置和反无人机摄像系统为例进行参数说明。

（三）用途和典型案例

　　2019 年 1 月,美国陆军与 SRC Inc. 签订了一份价值 1.08 亿美元的合同,用于开发可应对小型、慢速和低空飞行的无人机的移动系统,即"沉默射手"反无人机系统。SRC Inc. 在美国政府赞助下的反无人机系统测试活动(如 JIAMDO 的 Black Dart、陆军作战评估)中成功展示了"沉默射手"反无人机技术检测、跟踪、识别和击败无人机系统的能力。目前,"沉默射手"反无人机系统已经被投入使用,美国陆军和空军都有列装,以帮助保护士兵和关键资产免受无人机威胁。"沉默射手"不仅在 G8、2012 年夏季奥运会等活动表现出色,在我国也有很多成功应用的案例,如在 2016 年的 G20 峰会上就取得很好的效果。"沉默射手"反无人系统的主要应用有:无人机对抗;关键基础设施保护;防御 1～5 架无人机、固定翼和旋翼飞机;战时军队行进的保护;短程防空(SHORAD)、军事演习短程防空(M - SHORAD)、超近程防空(V - SHORAD)和 VIP 保护等。

表 6-1 "沉默射手"反无人机系统关键性能参数

组 件	性能指标	参 数
"鹰头狮" R1410 多任务雷达	工作波段	9.3～9.8 GHz(X 波段)
	电源	110/230 VAC
	重量	36.3 kg
	工作时间	24/7 全天时工作
	探测范围	小型载人飞行器≤27 km,小型无人机≤10 km
	方位角覆盖	自定义扇区或 360°
	仰角覆盖	90°
	设计标准	MIL - STD - 810G、MIL - STD - 461F 和 FCC/CE/UL
Whisper Hunter 测向装置	正常功率	45 W
	电源	120/240 VAC 或者 28 VDC
	重量	14.8 kg
	直径	356 mm
	高	444.5 mm
	工作频率	395～6 000 MHz
	方位覆盖	360°
	仰角	从水平－32°～48°
反无人机 摄像系统	光电、红外相机、可见光(高清)	窄视场:0.2°×0.1°
		宽视场:22.5°×13.1°
	热感摄像机 (高清)	窄视场:0.9°×0.7°
		宽视场:5.5°×4.4°
	定位器	方位 360°
		方位速度 0.05～100°/s
		仰角－90～90°
		仰角速度:0.05～60°/s

第七章　巴特尔纪念研究所

巴特尔纪念研究所[1]（Battelle Memorial Institute）是全球知名的非营利性应用科技研发公司，总部位于俄亥俄州哥伦布市。起初，巴特尔纪念研究所专注从事金属冶炼和材料科学领域的研究和开发工作；如今，其拥有世界领先的国家实验室，科研项目涵盖了国家安全、健康和生命科学、能源、环境、材料科学和教育等各个领域。该公司国家安全领域的研究主要包括航空航天技术、化学和生物防御系统、网络创新、地面战术系统和海事技术等方面。作为全球著名的独立研发机构，巴特尔纪念研究所每年的研发投入达到 65 亿美元，包括合同式研发、实验室管理和技术商业化，以促进科技的研发和应用。巴特尔纪念研究所在全球 130 多个地点进行研发工作，其中包括其为美国能源部和美国国土安全部管理或共同管理的 7 个国家实验室以及英国的一个核能实验室。

在反无人机领域，巴特尔纪念研究所主要开发了"无人机防御者"（Drone Defender）反无人机系统，以应对小型无人侦察机的威胁，协助政府机关打击非法的无人侦察机。

"无人机防御者"（Drone Defender）反无人机系统

（一）系统基本情况

Drone Defender 反无人机系统[2]是巴特尔纪念研究所开发的定向无人机系统对抗设备。该系统采用无线电控制频率干扰，是一种轻型"傻瓜式"简单易用型射击系统，演示射程为 400 m，能在空中强制降落，目标是防御无人机（如四轴飞行器和六轴飞行器）对空域的有效攻击，属于软杀伤。巴特尔纪念研究所一直致力于更新和升级 Drone Defender 反无人机系统，以期实现更高的性能。Drone Defender 反无人机系统如图 7 - 1 所示。

第一版的 Drone Defender 反无人

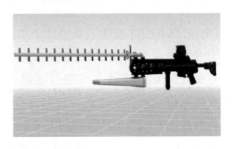

图 7 - 1　Drone Defender 反无人机系统

1　Battelle Memorial Institute，https://www.battelle.org/。

2　Drone Defender，https://www.battelle.org/insights/case-studies/case-study-details/dronedefender-technology。

机系统的工作原理是:几乎可以立即干扰无人机的无线电控制频率或 GPS,尝试在半空中阻止飞机并迫使其着陆。用户可以选择中断任意信号,当两个信号都中断时,会默认紧急着陆。这意味着使用者可以收回该无人机平台,以便后续对该无人机的情报进行了解,如它的飞行轨迹、传感器信息等。

第二版的工作原理是通过两种不同的防御方式,瞬间中断有威胁的无人机:遥控无人机干扰和 GPS 干扰。当 Drone Defender 反无人机系统触发器被触发时,它会立即断开操作者与无人机之间的通信链路,无人机系统会进入其预先编程设定的安全模式,安全模式能够使无人机在该区域地带盘旋、平稳地降落或返回无人机操作者所在地,最大限度地降低对公共安全的威胁。最重要的是,这并不会对该无人机系统造成任何永久性的损坏。如果无人机(经过 GPS 导航点)继续运动,或跳转到主要模式且需要捕捉,则 GPS 干扰可以被 Drone Defender 反无人机系统独立触发。Drone Defender 反无人机系统作战过程如图 7 - 2 所示。

图 7 - 2　Drone Defender 反无人机系统作战过程

(二) 性能参数及特点

Drone Defender 反无人机系统于 2015 年问世,最大的特点是其外形取自经典的 M16 步枪。枪身上未设枪管,机匣与护手顶部设有一体式导轨,导轨前端搭载了一个白色鱼骨型天线,天线尾端通过电缆连接一具梯形无线电信号发射装置,为天线提供无线电信号。顶部导轨后方加装有全息瞄准镜,射击者发现目标后,可以直接将天线对准无人机并扣动扳机向其发射无线电波束。在最新版本中,该天线已经升级。Drone Defender 反无人机系统性能参数见表 7 - 1 所列。

其中,Drone Defender 反无人机系统可干扰的 GPS 和 ISM 频段如图 7 - 3 所示。

表 7 - 1　Drone Defender 反无人机系统性能参数

性能指标	参　数
工作时长	第一版在携带备用电阻的情况下,可连续工作 5 h;第二版可连续工作 2 h
重量	第一版重 4.5 kg,第二版重 6.8 kg,具体取决于配置
供电方式	电池供电
冷启动时间	＜0.1 s
雷达探测范围	2 km 以上大型固定翼目标和 750 m 以上小型多旋翼无人机
方向角	30°
模拟器	VR
干扰波段	GPS 和 ISM
存储	SD 卡

图 7 - 3　Drone Defender 反无人机系统
可干扰的 GPS 和 ISM 频段

(三) 典型用途

　　巴特尔纪念研究所的 Drone Defender 反无人机系统在安全类别中获得了 2017 年最佳新功能奖,且 Dedrone 公司于 2019 年从巴特尔纪念研究所购买了 Drone Defender 反无人机系统设备,以获得保护关键资产和人员免受无人机威胁的解决方案。Drone Defender 反无人机系统可用于敏感单位的分层防御、为部署的军事单位提供前方行动基地保护、保障机动部队和护送行动以及保护海军和外国港口的部署和行动等活动的安全,但受限于相关政策及法案,目前仅适用于美国政府机构和一些经批准的国际政府。

第八章　Flex Force 公司

Flex Force[1] 是一家新兴的科技型公司,专注于将有潜力的新技术转变为可应用部署的产品,公司成立于 2009 年,主要从事机器人技术、信号处理和软件的开发。该公司的核心能力包括增加作战人员有效射程以及提供能创造压倒性经济优势的目标解决方案,以确保作战人员的安全。

在反无人机领域,Flex Force 公司推出的主打产品是"无人机毁灭者"(Drone Buster)反无人机系统。目前为止,Flex Force 公司已成功部署 1 000 个系统,其产品线包括多种版本,均具有市场领先的能力。Flex Force 公司首席执行官 Jake Sullivan 表示:"我们将继续开发和升级 Drone Buster,以应对不断变化的无人机威胁。对美国和国际合作伙伴来说,Drone Buster 仍然是有效且最易于使用的手持对抗设备。"

"无人机毁灭者"(Drone Buster)反无人机系统

(一) 系统基本情况

美国 Flex Force 公司于 2017 年开发的 Drone Buster 反无人机系统[2]系列射频干扰器,主要是为了改变目前无人机不断被恶意使用的情况。Drone Buster 反无人机系统是一种紧凑、轻便、经济高效的反无人机工具,是美国国防部唯一授权的手持电子攻击系统,如图 8 - 1 所示。该系统经过不断的升级和更新,目前存在

图 8 - 1　Drone Buster 反无人机系统

很多版本和改型。其中 Drone Buster Block 3 和 Drone Buster Block 3B 可以通过压制、干扰和控制频率来中断无人机的控制。当指挥链路被射频能量淹没时,无人机操作员将无法控制无人机,这会导致无人机悬停或返回,具体控制方式取决于无人机的型号。此外,Drone Buster 反无人机系统系列产品能进行更深层次的 GPS/GNSS 信号压制,可直接导致无人机悬停、着陆或坠落。

1　Flex Force,https://www.flexforce.us。
2　Flex Force Enterprises has developed the Drone buster,https://www.flexforce.us/dronebuster/。

（二）性能参数及特点

Drone Buster 反无人机系统已通过美国政府在人员、军械和燃料方面广泛的安全性测试，并已通过符合所有应用类别的安全要求认证。Drone Buster 反无人机系统除基础版外，还有 Drone Buster with extended range payload 和 Drone Buster with extended range and satellite navigations attack payload 两个改型，各个版本关键性能参数见表 8-1 所列。

表 8-1 **Drone Buster 反无人机系统各个版本关键性能参数**

产品名称	Drone Buster	Drone Buster with extended range payload	Drone Buster with extended range and satellite navigations attack payload
实物图			
尺　寸	（长高宽） 56 cm×26 cm×14 cm	（长高宽） 56 cm×26 cm×14 cm	（长高宽） 56 cm×26 cm×14 cm
总重量	1.9 kg	2.9 kg	2.5 kg
续航时间	干扰 3 h 检测 10 h	干扰 5 min 检测 10 h	干扰 45 min 检测 10 h
GNSS 干扰频率	使用定向发射的民用 GNSS 频率， 在硬件中禁用，供未经验证的用户干扰全球导航卫星系统		
作用距离范围	视距范围	大于视距范围 （选用不同的公路等级）	视距范围

（三）用途和典型案例

Drone Buster 反无人机系统经过相对简单的操作即可从集成的固定站点干扰器转换为便携式干扰器，供部队、安全团队和急救人员在紧急情况中使用，并能提供多种配置以满足不同的任务需求。如图 8-2 所示为 Drone Buster 反无人机系统执行任务。

美国中央司令部危机反应特殊目标陆战队空地特遣部队（Special Purpose Marine Air - Ground Task Force - Crisis Response - Central Command，SPMAGTF -

CR-CC)的陆战队员(抽调自陆战1团2营),在中央司令部责任区实施了Drone Buster反无人机系统的训练,掌握了探测和击落敌方无人机的战术和技术,如图8-3所示。该部队于2021年5月底获得了最新的Drone Buster手持式反无人机系统[1]。截至目前,美军和美国执法部门已经接收了超过700套该型无人机。

图8-2 Drone Buster反无人机系统执行任务　图8-3 美军训练使用Drone Buster反无人机系统

---

1 【装备】美国海军陆战队训练使用Drone Buster手持式反无人机系统。https://mp.weixin.qq.com/s/PsBk9ZZ-pVrxS6dJI7YU3w。

第九章　DeTect 公司

位于美国佛罗里达州的 DeTect[1] 公司,主要从事航空安全、安保监视、无人机防御和环境保护以及可再生能源领域的先进雷达、相关遥感技术与系统研究。该公司专注于先进的雷达和其他传感器技术,在雷达技术研究中处于行业前列,包括研究实时飞机避鸟、风能鸟类死亡风险评估,以及工业鸟类控制等;该公司已经交付美国、加拿大以及欧亚非洲等诸多国家 250 套 Merlin 探鸟雷达系统。Merlin 独特的雷达信号处理技术专为可靠检测和跟踪小型、非合作、低雷达截面、非线性移动目标而开发,也用于 DeTect 公司的 HARRIER 安全监视雷达,是当今市场上用于空域和海上安全的成本较低的雷达系统,主要用于无人机探测和防御、陆基辨别和避让(Ground - Based Sense and Avoid,GBSAA),以及虚拟空中交通管制。

在无人机探测和防御领域,2016 年,DeTect 公司通过推出包含 Android 应用程序 Drone Watcher App 的 Drone Watcher 系统,扩展了其无人机监控功能。该应用程序将智能手机或平板电脑变为短程无人机探测器——Drone Watcher 还包括一个先进的 RF 传感器——Drone Watcher RF,用于无人机和小型无人机更远距离地探测、跟踪、识别和拦截。此外,还有拦截雷达以及 HARRIER 无人机监视雷达,这两个系统都可以作为独立的设施和部队保护系统运行,检测和警告空中周边的飞行器入侵。

Drone Watcher RF DR(Standard Frequency)反无人机系统

(一) 系统基本情况

DeTect 公司在 2016 年研发推出的 Drone Watcher RF DR[2] 反无人机系统是一种基于标准频率探测的反无人机检测系统。Drone Watcher RF DR 反无人机系统是一个紧凑、不显眼的电箱,安装在设施周围,只需要满足相应的功率要求和移动网络支持即可正常运行,但该系统受限于政策,其干扰拦截功能并不是对所有国家开放,如图 9 - 1 所示。

图 9 - 1　Drone Watcher RF DR 反无人机系统

1　Radar Systems ｜ MERLIN[TM] - HARRIER[TM]｜ DeTect, Inc,https://www.detect-inc.com。

2　Drone Detection &Defense,https://detect-inc.com/drone-detection-defense-systems。

Drone Watcher RF DR 反无人机系统主要由射频传感器、电源供电模块以及三角支撑架组成,其内置的射频传感器用于无人机和小型无人机面向较远距离的检测、跟踪、识别和拦截,可保证较高级别的多层次综合无人机防御。

(二)性能参数及特点

Drone Watcher RF DR 反无人机系统具体的工作原理就是当无人机进入探测区域时,其通过先进的信号智能(高速处理器和软件定义的无线电扫描仪)不断对所探测到的频段进行扫描,以识别信号与无人机控制系统一致的服务集标识(Service Set Identifier,SSID);一旦检测到信号,便会将已知的无人机 ID 和已知 non－drone 射频信号源(白名单)在 Drone Watcher 指挥控制(Command and Control,C2)数据库中进行匹配;如果有相匹配的内容,系统会反馈无人机类型(制造商和模型)、专属的 ID 号码、信号强度、位置和其他信息给使用者。新出现的无人机信号将会被添加进 Drone Watcher RF DR 识别数据库中,因此识别数据库会持续更新,继续扩充数据库内信息,形成良好的信息匹配循环。但是,无人机的拦截和回到初始位置的功能受限于国别政策,因国家和司法管辖区的不同而有所不同。该系统的性能参数见表 9－1 所列。

表 9－1　Drone Watcher RF DR 反无人机系统关键性能参数

性能指标	参　数	性能指标	参　数
覆盖的频率范围	900～990 MHz	移动蜂窝网络	推荐使用 EPS(Evolved Packet System,演进得分组系统),最低 4 G
	2 400～2 480 MHz		客户提供:EPS/4 G 服务或本地 WWAN(Wireless WAN,无线广域网)
	5 500～6 000 MHz		
包括的无人机协议	DJI Lightbridge		由 DeTect 提供(每个雷达单元):网络或数码网络移动路由器;提供数据上行到本地 WWAN 或移动蜂窝网络
	DJI Lightbridge2		
	DJI OcuSync		
	Graupner	运行工作环境信息	IP(Ingress Protection,防水防尘)65 级防水,－30～50 ℃
	Futaba	检测范围	3～5 km
	Wi－Fi 无人机网络		
以太网(Ethernet)	光纤或铜	支持的可视化显示方式	可视显示到第三方显示器和检测或第三方 C2 系统通过安全网页显示
	快速以太网,推荐 1 000 mbps		
无线	P2P(点对点)		
	50 mbps,2.4 GHz 或 5 GHz		

（三）应用场景

Drone Watcher RF DR 反无人机系统是一种轻便型的反无人机装置，一般可以被固定或者便携移动，且只要满足额定的功率和网络要求，就可以实现船用或者用作航空电子级的军用配置。Drone Watcher RF DR 反无人机系统的外观是较为低调的城市迷彩（无品牌标识），比较适合在地面、屋顶、塔等场所进行安装，如图 9 - 2 所示。同时 Drone Watcher RF DR 反无人机系统支持空运，能够满足大多数航空

图 9 - 2　部署在关键设施周围的
Drone Watcher RF DR 反无人机系统

运输和随身携带的尺寸要求。自 2003 年以来，DeTect 公司在全球交付了 500 多个雷达系统。

第十章　城堡防御公司

城堡防御(Citadel Defense)公司[1]总部位于圣地亚哥,是一家高速发展的科技公司,主要为军事、政府和商业客户定制开发自动化无人机解决方案。城堡防御公司的技术在于其装备集成人工智能与机器学习,其无人机反制技术能够精准应对单个无人机及蜂群。该公司还与战略合作伙伴合作研发了一套高度集成和可扩展的解决方案,用以对抗危害国家安全任务的武装和空中监视无人机系统。城堡防御公司涉及反无人机、无人机干扰器、智能干扰器、无人机攻击、安全缓解、电子战、电子对抗、人工智能、机器学习、频率自适应技术、精确干扰等多个领域和衍生行业。

2021年11月,城堡防御公司成功被 Blue Halo 公司收购。Blue Halo 公司是一个持续扩张行业领域的国家安全平台,涵盖定向能、反无人机、空间优势、空间技术、先进无线电频率以及网络和信号情报等领域,收购城堡防御旨在提升公司在定向能的能力,从而使该公司能够提供多模式反无人机解决方案,以支持作战人员并保护关键基础设施。

在反无人机领域,城堡防御/Blue Halo 公司的"泰坦"(Titan)反无人机系统是首个针对操作者的需求进行设计和开发的反无人机系统,旨在满足用户对装备自主性、易用性和跨多域操作的关键要求。Titan 反无人机系统比较适合单兵操作或者应用于综合作战系统中。其主打反无人机解决方案结合了最新的人工智能、机器学习和自适应对抗技术,使其能自主保护前线士兵免受武器化无人系统的侵害。

"泰坦"(Titan)反无人机系统

(一) 系统基本情况

2019年美国城堡防御公司正式推出反无人机解决方案 Titan 反无人机系统[2],主张使用一套系统完成多向任务的方式,部署于多种场景环境,如图10-1所示。Titan 反无人机系统是由城堡防御公司与美国作战人员和安全专家共同设计研发的,可以为使用者提供实时信息,识别和分类接近的无人机或集群,并

图 10-1　Titan 反无人机系统

1　Citadel Defense,https://www.citadeldefensemn.com。

2　Titan™ Counter-USA(C-USA)-BLUEHALO,https://www.bluehalo.com/product/titan/。

选择性地采用精确的应对措施诱导无人机着陆或返回基地。

　　Titan反无人机系统提供的是一种自主的、深度结合人工智能的无人机对抗方案,可以迫使无人机在不干扰附近通信或电子设备的情况下平稳落地。该系统使用移动通信或者Wi-Fi的技术对无人机进行控制,利用相关数据进行深度学习处理,可使敌方无人机"失明",即让敌方在复杂的电磁对抗环境中失利。Titan反无人机系统能突破地形限制,抵御空中、陆地或海上无人机的威胁,并能探测在400 MHz～6 GHz之间广泛的Wi-Fi、控制器、视频或遥测。当军队无法部署多传感器系统的时候,Titan反无人机系统就能保护军队与一些高价值物资,让它们免受那些不必要的无人机活动与集群的危害。

(二) 性能参数及特点

　　据该公司官网介绍,Titan反无人机系统的虚警率非常低,在远超视线范围的距离内可以保证以较高的准确率成功击败单个无人机和集群攻击,并提供有针对性的对抗无人机措施以及高度集成的反无人机解决方案,能够大范围规避威胁因素。Titan反无人机系统在不超过5 min的时间内就可以建立一个远在视线之外的半球型保护,概念图如图10-2所示。无须任何操作人员培训,也无任何校准要求,该系统的设计目标就是保持良好的持久力和普适性,维护成本低,作业人员负担低。

图10-2　Titan反无人机系统建立半球型保护概念图

　　城堡防御公司指出,Titan反无人机系统不断升级的应对措施可以不断适应新困难,人工智能技术的深度使用使其成为市场上深受客户青睐的无人机干扰器,能够在不干扰常见通信的情况下展开和对抗威胁。Titan反无人机系统的性能参数见表10-1所列。

表10-1　Titan反无人机系统关键性能参数

性能指标	参　　数
常用支持的频率	标准的频率:2.4 GHz/5.8 GHz/Wi-Fi
	扩展频率支持:433/868/915 MHz/1.2 GHz/Wi-Fi
检测范围	水平范围最多3 km,垂直范围0.46 km
攻击范围	水平范围最多3 km,垂直范围0.46 km
信号功率输出	最高30 W
部署时间	小于3 min
系统重量	9 kg
电源输入	120 VAC/18～36 VDC

(三)用途和典型案例

城堡防御公司在 13 个国家和地区部署了 300 多套 Titan 反无人机系统,该系统受到数十家客户的信赖,包括美国特种部队、陆军、海军、空军、国土安全部、边境巡逻队和海岸警卫队。它不仅可以保护海军资产和舰队免受敌方无人机的攻击,还可以保护国家边界免受被恶意使用的无人系统的侵害,部署于多种应用场景,如图 10-3 所示。

图 10-3　Titan 反无人机系统的应用场景

2020 年 9 月,美国政府和国防部已经授予城堡防御公司一份 1 220 万美元的合同购买 Titan 反无人机系统。美国国防部使用战斗部署和政府评估的方式对该系统进行了 14 个月的测试。测试结果表明,该系统在打击恶意商业和手工制作无人机的斗争中,Titan 反无人机系统能自动操作,可在极偏僻的固定位置、复杂的城市环境、移动任务以及非常重视便携性的多种操作环境中检测、识别和截击敌对无人机,如图 10-4 所示,Titan 反无人机系统可部署在军用车上执行移动任务。该系统具备的人工智能和深度学习基础使其能赶上或超过所

图 10-4　Titan 反无人机系统部署在军用车上

面临威胁不断发展变化的速度,以提供分层的无人机防御。

第十一章 拉达公司

拉达公司[1]（RADA Electronic Industries Ltd.）成立于 1970 年，是一家专门研究专有雷达和传统航空电子系统的全球性国防技术公司。拉达公司旗下的产品是经过实战验证的多任务软件定义雷达，主要基于前沿的 4D 有源相控阵技术（Active Electronically Scanned Array，AESA）和脉冲多普勒技术提供各种紧凑、轻便的雷达平台，满足最高的性能标准。同时，拉达公司也为全球武装部队提供创新解决方案的供应商，其先进的战术雷达保护全球 30 多个国家的陆地和海上作战部队，其 DVDR 系统广泛装配于全世界的各类飞机之上。拉达公司还包括拉达电子工业公司及其在美国的子公司，主要从事国防和航空航天市场设计的系统开发、制造和销售，产品线包括战术雷达、惯性导航系统和航空电子系统。

在反无人机研究上，拉达公司专注于开发、制造和销售用于多种应用的软件定义雷达，例如用于战车的主动防御系统（Active Protection Systems，APS）、用于机动部队的短程防空（Short - Range Air Defense，SHORAD）、拉斐尔先进反无人机防御系统等诸多装备。此外，拉达公司在马里兰州日耳曼敦开设了总部和制造工厂，为美国国防军在当地开发战术雷达。拉达公司在无人机领域的典型产品为多任务半球雷达（Multi - mission Hemispheric Radars，MHR）系统，如图 11 - 1 所示。

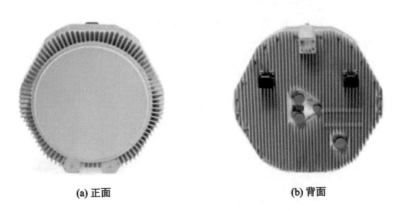

(a) 正面   (b) 背面

图 11 - 1　多任务半球雷达系列雷达系统

1　来源于拉达公司官网，https://www.rada.com。

多任务半球雷达系列雷达系统

（一）系统基本情况

多任务半球雷达（MHR）系列雷达系统[1]是由美国拉达公司研发的一种基于多任务半球雷达的反无人机检测系统。其中多任务半球雷达系列包括三款型号产品：多任务半球雷达、扩展型多任务半球雷达和改进增强型多任务半球雷达。

多任务半球雷达系列雷达是基于GAN放大器的脉冲多普勒、AESA天线的非旋转、静态、数字雷达，通过软件定义可针对特定的要求进行完全配置，由此完全有承载不同作战任务的能力。同时多任务半球雷达系列具有电子对抗能力，其中单个雷达平台便可提供120°方位角覆盖，当采用4个可互换雷达作为系统时，即可实现半球覆盖。图11-2所示为4个多任务半球雷达系列雷达组合实现半球覆盖。

图 11-2　4个多任务半球雷达系列雷达组合实现半球覆盖

（二）性能参数及特点

多任务半球雷达系列雷达系统性能参数见表11-1所列。

表 11-1　多任务半球雷达系列雷达系统性能参数

产品名称	多任务半球雷达	扩展型多任务半球雷达	改进增强型多任务半球雷达
实物图			
传输类型	脉冲多普勒	脉冲多普勒	脉冲多普勒
空间覆盖	单雷达:90°Az[2],90°El[3] 4重叠雷达:360°Az	单雷达:90°Az,90°El 4重叠雷达:360°Az	单雷达:90°Az,90°El 4重叠雷达:360°Az

---

1　来源于拉达公司官网,https://www.rada.com/products/mhr。

2　Az 是 Azimuth angle 的缩写,表示雷达方位角范围。

3　El 是 Elevation angle 的缩写,表示雷达仰角范围。

产品名称	多任务半球雷达	扩展型多任务半球雷达	改进增强型多任务半球雷达
工作频率	S 波段	S 波段	S 波段
电源输入	28 VDC/110/220 VAC	28 VDC/110/220 VAC	28 VDC/110/220 VAC
天线类型	有源相控阵（AESA 氮化镓）	有源相控阵（AESA 氮化镓）	有源相控阵（AESA 氮化镓）
直径	50.4 cm	90 cm	79 cm
宽度	无	80 cm	无
重量	29 kg	110 kg	58 kg
工作温度	−40～55 ℃	−40～55 ℃	−40～55 ℃
冷却方式	仅被动	仅被动	仅被动

（三）用途和典型案例

多任务半球雷达系统可用作当前和新兴战术综合防空反导武器系统，适合火炮、导弹、定向能，也可用于低空补盲雷达，补充中程或远程防空警戒系统的空隙。多任务半球雷达系统能够固定、机动工作，适合于固定侦察、战术车辆、滨海战斗舰和巡逻艇，如图 11 - 3 所示。2018 年7 月，美国拉达电子工业公司宣布，其多任务半球雷达被意大利莱昂纳多公司选中为任务装备包（Mission

图 11 - 3　多任务半球雷达系列雷达部署在军用车上

Equipment Package，MEP）的一部分，旨在提升美国陆军过渡性机动近程防空能力（Interim Maneuver - Short - Range Air Defense，IM - SHORAD）。据美国《陆军公认》2018 年 8 月 27 日报道，拉达公司将在未来几个月内向英国陆军交付多任务半球雷达，该雷达将安装在拉斐尔公司（Rafael）的"无人机穹"（Drone Dome）反无人机系统中。拉达公司的多任务半球雷达可实施 360°监控，探测 3～5 km 处的无人机，它配备信号情报系统和光电传感器，可进一步鉴定并识别威胁。

第十二章　美国空军研究实验室

美国空军研究实验室[1]（Air Force Research Laboratory，AFRL）是由美国空军装备司令部管理的一个科研机构，致力于航空航天作战技术的研究、开发和整合，规划和实施空军科技计划，以提升美国空军、太空和网络空间部队的作战能力。该实验室于 1997 年 10 月 31 日在俄亥俄州代顿附近的赖特·帕特森空军基地成立，由 4 个空军实验室设施（赖特、菲利普斯、罗马和阿姆斯特朗）和空军科学研究办公室合并而成，包括 8 个技术局、1 个分部和 1 个科学研究办公室。其中，每个技术局都专注于空军研究实验室任务中的一个特定研究领域，专门与大学和承包商一起进行实验研究。自 1997 年成立以来，实验室与美国国家航空航天局（National Aeronautics and Space Administration，NASA）、能源部、国家实验室、国防高级研究计划局和国防部内的其他研究机构合作进行了大量实验和技术演示。著名的项目包括无人航天飞行器 X－37、X－40、X－53，超高音速冲压飞机 HTV－3X 等先进战术激光和战术卫星计划等。

美国空军研究实验室的目标为加快美国航空航天作战技术的创新、开发和集成；负责空军科学和技术方案的规划和执行；提升美国的太空、近空和网络空间力量的作战能力。2017 财年，美国空军研究实验室申请了 25 亿美元预算，比 2016 财年增长 4.5%。该预算将资助小型先进能力导弹、低成本运输工具、高速打击武器验证、组件武器技术以及定位导航和授时技术。美国空军研究实验室还将重点投资基础、应用和先期研究，持续关注自主系统、无人系统、纳米技术、超声速和定向能等改变"游戏规则"的技术。在反无人机作战领域，美国空军研究实验室研制的"索尔"（Tactical High－power Operational Responder，THOR）反蜂群电磁武器，使用高功率微波，有着较大的影响范围和良好的作战效果。

"索尔"（THOR）反无人机系统

（一）系统基本情况

美国空军研究实验室研发的反蜂群战术高功率微波作战武器 THOR[2]，是一种便携式反无人机系统，在基地防御任务中可以远距离光速摧毁无人机集群。THOR

1　Air Force Research Laboratory，https://www. afresearchlab. com。

2　TACTICAL HIGH POWER OPERATIONAL RESPONDER (THOR)－Air Force Laboratory，https://www. afresearchlab. com/technology/directed-energy/successstories/counter-swarm-high-power-weapon/。

反无人机系统装备如图 12 - 1 所示。

THOR 反无人机系统是用在空军基地防御的反无人机集群电磁武器,依靠地面能源运作,能够发出高功率、短脉冲的微波,破坏系统本身的电子系统,使设备失效。THOR 反无人机系统利用高功率电磁来抵消电子效应,可在识别目标后的 1 ns 内发射高功率微波,射程约数百米。相比于激光,它的波束更宽,工作原理类似手电筒,能以圆锥形范围照射空中,对多个目标进行非动力学打击,从而使四面八方靠近的无人机失效。

图 12 - 1　THOR 反无人机系统装备

THOR 反无人机系统的作战演示如图 12 - 2 所示。

图 12 - 2　THOR 反无人机系统的作战演示

(二) 性能参数及特点

高能激光一次可以摧毁一个目标,高功率微波可以摧毁一群目标。THOR 反无人机系统的输出是强大的无线电波爆发,交战范围大,其作用方式是无声且瞬时的。THOR 反无人机系统可移动,可 360°旋转,上下移动发出高功率微波脉冲。该系统能通过 C - 130 运输机或其他类型的货物空运进行运输:研究人员展示的尺寸模型大约是 THOR 反无人机系统真实尺寸的 1/16,将其完全存储在一个 6.1m 长的运输集装箱中,可以很方便地使用 C - 130 运输机运输,且能在几小时内由 2~3 人完成装卸。目前实验室也正在进行更大规模的无人机集群配置测试。THOR 反无人机系统可以破坏无人机的电子设备,迅速对抗多个目标,如无人机集群。THOR 反无人机系统性能参数见表 12-1 所列。

表 12-1　THOR 反无人机系统性能参数

类　型	模块器件	参　数	功　能
探测方式	外接其他辅助雷达	无	提供定位信息
杀伤方式	高功率微波发射器	射程约数百米	发射高功率微波摧毁无人机集群
移动装置	车载集装箱装置	360°,上下移动	全方位探测
微波发射速度	天线模块	识别目标后 1 ns 发射	发射高功率微波

(三) 典型用途

THOR 反无人机系统在盖洛德国家度假会议中心酒店举行的 2019 年空军协会空中、太空和网络会议上亮相。THOR 反无人机系统是为基地防御而设计的,该系统已经在柯特兰空军基地附近的军事试验场安装且进行了响应测试,并成功打击了多个目标。THOR 反无人机系统的技术研发成本约 1 500 万美元,它可以在 3 h 内迅速安装,用户界面设计比较友好,只需进行比较简单的用户培训。

2021 年 6 月 16 日,美国空军研究实验室在社交媒体上公布了一段视频,展示了目前其正在主导研发的 THOR 高功率微波反无人机系统的作战演示视频。视频中展示了 THOR 反无人机系统"使用强无线电波使小型无人机系统立即失效"。不同于激光武器发射光束只能摧毁单一目标,THOR 反无人机系统能够瞬间无声摧毁成群的无人机。THOR 对无人集群发射微波,导致其立即爆炸或从空中坠落,杀伤距离相对较近,如图 12-3 所示。

图 12-3　THOR 高功率微波反无人机系统瞬间摧毁成群的无人机

第十三章　美国国防高级研究计划局

美国国防高级研究计划局[1]（Defense Advanced Research Projects Agency，DARPA）隶属美国国防部，是负责研发军用高科技的行政机构，其总部位于弗吉尼亚州阿灵顿县。为应对美苏冷战，美国国会授权美国国防部成立的高级研究计划局是其前身。美国国防高级研究计划局不同于其他常态化的军事研发机构，而是聚焦于尖端科技研发，直接对美国国防部高层负责。美国国防高级研究计划局并非单一的开展科技创新工程，而是一个由学术界、企业和政府合作组成的创新生态系统，该系统始终服务于国家军事部门，且为了加快科技创新的步伐，美国国防高级研究计划局与美军科学与技术机构（Science and Technology，S&T）等的其他合作伙伴开展了日益密切的合作，从 GPS 卫星到微机电系统（Micro Electro Mechanical System，MEMS），从火箭到 M-16 步枪，美国国防高级研究计划局一直支持着作战应用的发展和创新。

为了应对导弹、小型飞机、小型无人机等对舰艇造成的威胁，美国国防高级研究计划局制定了"疯狂之火"多方位防御快速拦截炮弹交战系统（Multi-Azimuth Defense—Fast Intercept Round Engagement System，MAD-FIRES）计划，旨在通过舰炮系统发射的制导弹药来实现低成本技术防御巡航导弹的火炮防御。

"疯狂之火"多方位防御快速拦截炮弹交战系统

（一）系统基本情况

据 2015 年 7 月《简氏防务周刊》报道，美国国防高级研究计划局推出了"疯狂之火"多方位防御快速拦截炮弹交战系统（MAD-FIRES）计划[2]，如图 13-1 所示，美国国防高级研究计划局 60 周年纪念会上展出的"疯狂之火"样弹。该计划的目标是依托制导弹药部件抗过载技术和微型化技术，设计并研制一种中口径炮射增强型制

图 13-1　美国国防高级研究计划局 60 周年纪念会上展出的"疯狂之火"样弹

1　Defense Advanced Research Projects Agency-DARPA，https://www.darpa.mil。
2　DARPA contracts Raytheon for third phase of MAD FIRES program development，https://defbrief.com/2020/09/01/darpa-contracts-raytheon-for-third-phase-of-mad-fires-program-development/。

导弹系统,使其兼备导弹良好的制导能力和精准度以及优秀的炮射无控弹速度、射速和容弹量,能够连续且同时瞄准、跟踪和拦截多个快速来袭目标,根据目标位置实时修正弹道,并能对躲过初始拦截的目标实施再拦截。“疯狂之火”系统作战流程如图 13-2 所示。

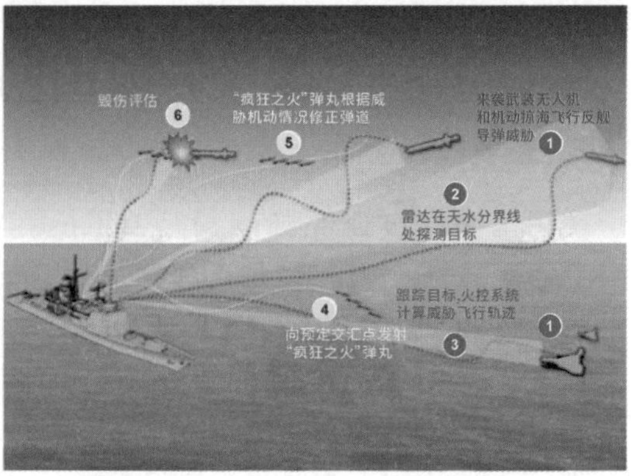
毁伤评估
6
“疯狂之火”弹丸根据威胁机动情况修正弹道
5
来袭武装无人机和机动掠海飞行反舰导弹威胁
1
2
雷达在天水分界线处探测目标
跟踪目标,火控系统计算威胁飞行轨迹
4
向预定交汇点发射“疯狂之火”弹丸
1
3

图 13-2 “疯狂之火”系统作战流程

(二) 性能参数及特点

“疯狂之火”系统主要由火力系统、火控系统和弹药系统组成。如图 13-3 所示,出于研制抗高加速度过载、高精度、高性能中口径弹的需要,“疯狂之火”系统的关键技术包括中口径火炮技术,炮射弹制导、导航和控制技术、抗过载技术和微型化技术等。

火力系统:
口径:20~76 mm
射速:80 r/min
射程:9~19 km
资料来源:美国战略与预算评估中心(CSBA)
火控系统:
一体化火控
有源相控阵
同时拦截>6个超音速目标
交战时间<10 s
资料来源:简氏、CSBA
弹药系统:
制导方式:雷达指令和弹载寻的器
6 km处误差<10 cm
抗过载能力:30 000~65 000 g
末端瞄准点选择优化能力和机动能力强
5连发成本:$125 000
资料来源:简氏、CSBA
未来发展:
可能直接取代“密集阵”
后续有可能考虑配装更加轻小和机动灵活的平台,执行反坦克、反三弹、反蜂群攻击任务,例如步兵战车、武装直升机等
资料来源:简氏

图 13-3 “疯狂之火”关键技术

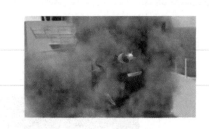

DARPA 将"疯狂之火"合同授予了雷锡恩公司和诺斯罗普·格鲁曼。从近期公布的消息来看,在火力系统方面,雷锡恩公司选择了 57 mm 口径,因此美国海军当前适合发射此弹的火炮自然是 Mk 11 057 mm 自动炮。该炮作为一种多任务中口径舰载武器,已被选为美国海军濒海战斗舰(Littoral Combat Ship,LCS)和美国海岸警卫队国家安全舰(National Security Cutter,NSC)的主炮。Mk 11 057 mm 自动炮(中口径火炮技术)的主要战术技术指标见表 13 - 1 所列。

表 13 - 1 Mk 11 057 mm 自动炮主要战术技术指标

性能指标	参 数	性能指标	参 数
射速	220 rds/min	最大俯仰速度	44°/s
最大射程	17 km	最大俯仰加速度	115°/s^2
携弹量	120 rds	最大转速度	57°/s
补弹时间	3～5 min	最大回转加速度	115°/s^2
射弹分布	方向:0.4 mrad、高低 0.4 mrad	电源	440 V 三相 60 Hz
高低射界	－10～77°	全重(无弹)	6.8 kg
方向射界	无限	风冷身管寿命	>4 000 rds

实际上,炮射制导弹面临的最大挑战之一是,炮射环境下产生的高加速度过载极易导致精密的制导组件受损失效。根据当前的进展来看,"疯狂之火"系统可能并未完全解决抗加速度过载问题(抗过载技术),由于美国国防部明确"疯狂之火"系统使用中口径弹,而弹内空间不仅要容纳战斗部、引信等杀伤部件,还要容纳寻的器及天线、制导电子单元、控制执行器、电池等装置,空间十分局促,因此系统微型化的任务很重。美国国防部还明确要求弹载天线口径不得超过弹径,同时又必须有足够的前向增益;同时要求将集成式控制执行系统、制导电子单元、惯性测量单元的体积减小 50% 以上。

(三)典型用途

美国雷神公司公布的一段视频,展示了该公司正在研制的"疯狂之火"系统弹药概念和作战用途。在视频中,"疯狂之火"系统弹药成功拦截了由中国轰-6K 型轰炸机、052C 型驱逐舰和核潜艇发射的远程反舰导弹,包括冲压火箭发动机的超音速反舰导弹,如图 13 - 4 所示。

图 13 - 4 "疯狂之火"系统弹药对特定
导弹进行优先排序和瞄准

第三篇

欧洲典型反无人机装备和产品

为应对无人机持续增加的威胁,欧洲各国不断增强反无人机装备研发,同时加大寻求多种反无人机系统的解决方案和应对策略。欧洲各国在顶层规划、机构设置和装备研制等方面多头并举,2019 年以来,以欧洲诸国为主的北大西洋公约组织(North Atlantic Treaty Organization,NATO,北约)接连发布了《反无人驾驶系统综合解决方法》(2019)和《反无人机系统的综合办法》(2021),以指导综合实施开展反无人机系统;北约联合空中力量能力中心成立了反无人机专业组,提供反无人机跨领域技术支撑,以实现全频谱的反无人机作战能力;装备研制方面,英国、德国、意大利等国国防安全企业不断推陈出新,在手持、车载、综合集成反无人机系统方面均有建树。

欧洲地区主要由国防公司和科技工业公司带头开展反无人机系统的研制。在本篇研究中,根据梳理相关国家的典型装备,可以看出欧洲地区典型反无人机装备主要呈现出小型化、自动智能化以及模块集成三个明显趋势。例如小型化装备,意大利 CPM Elettronica 公司的 CPM DJI 1204B 反无人机系统、英国无人机防御公司的 Paladyne E1000MP 反无人机步枪和 k9 电气公司的"无人机终结者"(Terminator)反无人机系统等皆性能突出;自动智能化装备,有德国 Dedrone 公司的"无人机追踪者"系统、荷兰 Delft Dynamics 公司的"无人机捕手"反无人机系统;模块集成方面有德国罗德与施瓦茨公司公司 R&S ARDRONIS 反无人机系统、意大利 Selex ES 公司推出的"隼盾"反无人机系统、土耳其阿塞耳桑公司的代表产品 İhtar 反无人机系统和英国国防联盟推出的 AUDS 反无人机系统。

本篇系统地介绍了欧洲典型反无人机装备和产品的基本情况、性能参数、装备特点以及典型应用情况。

第十四章　英国国防联盟

　　英国国防联盟是由布莱特监控系统公司（Blighter Surveillance Systems）、切斯动力公司（Chess Dynamics）和恩特普赖斯控制系统公司（Enterprise Control Systems）三家公司组成。

　　布莱特监控系统公司[1]是一家位于英格兰东部的英国公司，该公司主要设计、制造和支持一系列独特的专利固态地面雷达系统，致力于在各种天气条件下探测远处移动的物体。该公司的工程项目与英国国防部、美国国防部、北约和五眼联盟进行了广泛的部署合作。截至目前，布莱特监控系统公司的创新型电子扫描雷达拥有面向国防和安全领域的广泛市场，已在全球超过 35 个国家和地区部署了 600 多种雷达。例如，英国国防部部署了 50 个雷达装置来保护英国在阿富汗的前沿作战基地，公司工程团队也因此获得了享有盛誉的女王创新奖。该系统的持续稳定性和高效性使得许多机场都部署了布莱特雷达，包括英国 3/4 的机场。如希思罗机场将其用于监控和侦测机场中央禁区的入侵情况。

　　切斯动力公司[2]是一家专业提供创新、探测、监视、跟踪和枪械控制服务的公司，该公司设计、开发和制造高精密且稳定的多轴平台、火控指挥器和定位器，以用于光电、雷达、通信、安全、监视、追踪和目标系统以及各种高性能相机和特殊传感器。切斯动力公司的军事客户包括各地海军和陆地国防军。公司产品组合包括：用于光电系统的实时视频和图像处理支撑技术；为陆地、海上和空中恶劣环境提供坚固耐用的硬件（采用最新的英特尔移动处理器）以及集成软件解决方案（例如 DART 视频跟踪软件）；用于目标探测和追踪的图像处理算法。该公司也是反无人机（无人机）系统的主要开发商和全球供应商，用于军事和安全用途的快速部署系统。自 2005 年以来，切斯动力公司一直为国防军和主要承包商提供相关的设备、子系统和系统。

　　恩特普赖斯控制系统公司[3]是一家专注于研发射频（RF）系统，其射频数据链和射频干扰器是射频系统的关键基础。恩特普赖斯控制系统公司设计和生产的专业数据链，主要适用于高级军事和内部安全领域，能在重大安全事件中的复杂电磁环境保持稳健，并使用户行使完全控制主权。公司设计并生产一系列可编程干扰器应对来自无线电遥控简易爆炸装置（Radio - Controlled Improvised Explosive Device，RCIED）的威胁。

　　在反无人机领域，英国国防联盟推出了大型的反无人机系统 AUDS（The Anti - UAV Defence System）。该系统是由英国布莱特监控系统公司、切斯动力公司和恩特普赖斯控制系统公司联合研发的无人机防御系统。

1　来源于布莱特监控系统公司官网，https://www.blighter.com/。

2　来源于切斯动力公司官网，https://www.chess-dynamics.com/。

3　来源于恩特普赖斯控制系统公司官网，https://enterprisecontrolkc.com/。

AUDS 反无人机系统

（一）系统基本情况

英国国防联盟于 2015 年推出了 AUDS 反无人机系统[1]，该系统集成电扫雷达、光电和定向电子压制。雷达选用布莱特监控系统公司 A400 系列空域安全雷达，可全天候监测城市区域或近地面小微无人机目标；光电选用切斯动力公司的光电视频跟踪器，配备远程彩色摄像机和高灵敏度热成像仪，可结合雷达空情信息，对目标进行跟踪和识别，辅助操作员及时形成处置预案；处置手段选用恩特普赖斯控制系统公司电子压制，可智能干扰无人机控制链路，从而解决无人机威胁。AUDS 反无人机系统如图 14-1 所示。

图 14-1　AUDS 反无人机系统

（二）性能参数及特点

1. Blighter A400 系列雷达

Blighter A400 系列雷达体制上采用 E-Scan 扫描、无源相控阵（Passive Electronically Scanned Array，PESA）和调频连续波（Frequency Modulated Continous Wave，FMCW）、多普勒等技术，能够探测复杂环境中的小微无人机目标。该系列雷达采用数字无人机探测（Digital Drone Detection，D3）技术，能够从现代塑料机身无人机中提取微小的雷达反射，即使目标在近地面或建筑物附近等杂波反射相对较大的区域飞行。雷达工作频段为 Ku 波段，具备空中、地面和海岸三种探测工作模式，可探测 3.6 km 远的微型无人机，保证低虚警率。该系列雷达采用模块化设计，嵌入式软件和硬件便于通过网络连接进行现场升级。Blighter A400 系列雷达如图 14-2 所示。

图 14-2　Blighter A400 系列雷达

1　AUDS Anti-UAV Defence System-Counter-UAS-C-UAS-Blighter, https://www.blighter.com/products/auds-anti-uav-defence-system/。

2. AUDS 光电系统

AUDS 光电系统为可拆卸传感器,连接 AUDS 定位器,定位器基于已有双轴稳定安装。AUDS 定位器设计考虑多传感器和有效载荷,性能出色稳定,支持安装高倍率传感器,以便在极端范围内观察小型和快速移动目标。方位中轴安装的特殊信号和同轴滑环组件可实现 90°/s 连续转动。AUDS 光电传感器采用双摄像头系统,包括中波热成像仪(TI)和高清(HD)可见光摄像头,可增配其他传感器或有源元件。

除了增强的窄视场"全分辨率电子变焦"功能外,中波热成仪还与最新一代先进图像处理电子设备相结合,提供优质成像。AUDS 光电系统配置的第三代 Piranha 46 可见光摄像机完全密封,坚固耐用,适合恶劣环境,相机内置红外截止滤光片,可在黄昏和黑暗中提供良好的微光成像功能。AUDS 光电系统如图 14-3 所示。

图 14-3 AUDS 光电系统

3. 电子压制

AUDS 反无人机系统中的电子压制是多波段系统,旨在最大限度地提高对抗无人机指挥与控制(C2 链路)的效能,如图 14-4 所示。电子压制可以在 400 MHz~6 GHz 的频谱上有选择性或同时激活针对 5 个威胁的"频段",这 5 个威胁"频段"旨在击败部署在整个 AUDS 反无人机系统威胁范围内的 C2 链路(即 433 MHz、915 MHz、2.4 GHz、5.8 GHz 和 GNSS 频段),因此它可以非常有效地抵御多模式群攻击。AUDS 反无人机系统关键性能指标参数见表 14-1 所列。

图 14-4 AUDS 反无人机系统 RF 抑制器

AUDS 反无人机系统的所有系统元件(雷达、EO 系统和 RF 抑制器)可以完全集成到操作员 GUI 控制台中,操作界面如图 14-5 所示。AUDS 操作员控制台由两个屏幕组成,可由一名操作员操作:一个屏幕显示 AUDS 雷达 GUI,提醒操作员无人机侵入受保护空域;另一个屏幕显示 AUDS EO/RF 压制 GUI。

表 14-1　AUDS 反无人机系统关键性能指标参数

型　号	性能指标	参　数
Blighter A400 系列雷达	工作频段	Ku 频段
	最大探测距离	3.6 km
	最大作用距离	10 km
	多目标探测能力	700 个
	单模块重量	30 kg
	方位配置选项提供	90°(A402)
		180°(A422)
	俯仰覆盖	10°/15°(M10S 天线)
		20°/30°(W20S 天线)
定向电子信号	干扰频率	400 MHz~6 GHz
	适用频段	C2 链路:433 MHz、915 MHz、2.4 GHz、5.8 GHz 和 GNSS 频段

图 14-5　AUDS 操作员控制台

(三) 用途和典型案例

　　AUDS 反无人机系统按照最高军用标准设计和制造,其能力在恶劣的操作环境中得到了广泛的现场验证。它适用于所有天气、所有时间段,并且可以由操作员灵活控制。该系统已被证明对蜂群攻击非常有效,曾成功击败近 2 000 架无人机,并针对包括固定翼和四轴飞行器在内的 60 多种无人机进行了测试。在军事应用方面,AUDS 反无人机系统已被国防组织部署以支持中东和其他地方的主要行动。美国军队于 2016 年成功部署多个 AUDS 反无人机系统;2017 年,西班牙国防部与布莱特监控系统公司达成合作,选择了 AUDS 反无人机系统。在民用方面,2018 年 12 月,伦敦盖特威克机场遭遇持续无人机袭击事件后,AUDS 反无人机系统为其提供部分解决方案。

第十五章 英国 Open Works Engineering 公司

英国 Open Works Engineering[1] 公司是一家致力于研发世界领先的安全和反恐产品的高科技公司,其目标是研发可部署、可扩展的反无人机技术与产品,提供保护人员、安全设施和关键国家基础设施免受无人机威胁的解决方案。Open Works Engineering 公司为反无人机系统提供具有 AI 分类和运动控制模块的 360°自主光学探测与跟踪技术。经过多年的技术研发经验积累和科技成果展出,Open Works Engineering 公司推出的装备产品陆续获得了许多肯定和奖项,包括 Mitre Challenge C - UAS 2016、Popular Science Grand Award 2018、Counter Terror Award 2018、ADS Security Innovation Award 2018 等。

Open Works Engineering 公司陆续推出了一系列用于反无人机领域的产品,包括 SkyWall Patrol、SkyWall Auto、SkyWall Auto Response、SkyTrack、SkyAI、Sky-Link 等。除了 SkyWall 产品的一系列改型外,SkyTrack 等高性能的产品也得到了广泛的认可,其 EO/IR(Electro - Optical/Infra - Red,光电红外)目标跟踪系统能够与雷达或无线电测向等其他反无人机传感器联网,使用 SkyAI 控制模块融合数据,并利用人工智能神经网络对天空进行扫描,在高准确度的追踪中实现对无人机靶标进行识别和分类。

SkyWall 压缩空气发射器系统

(一) 系统基本情况

Open Works Engineering 公司在 2016 年英国安保与警察大会上首次向公众展示 SkyWall 压缩空气发射器系统[2]。SkyWall 压缩空气发射器系统不但可以快速填充弹药,而且一次出击就可以对多架无人机进行打击。SkyWall 压缩空气发射器系统如图 15 - 1 所示。

SkyWall 压缩空气发射器系统最重要的特性并不在于它能够把无人机击落,而

图 15 - 1 SkyWall 压缩空气发射器系统

---

1 来源于 Open Works Engineering 公司官网,https://www.openworksengineering.com。

2 SKYWALL PATROL,https://www.openworksengineering.com/skywall-patrol/。

在于它捕获无人机之后将为无人机提供一个小型降落伞,使无人机安全返回地面,从而方便专家对完好的无人机进行后续调查。SkyWall 压缩空气发射器捕捉目标无人机如图 15 - 2 所示。

图 15 - 2   SkyWall 压缩空气发射器
系统对目标无人机的捕捉

(二) 性能参数及特点

SkyWall 压缩空气发射器系统可使移动操作员在网络中物理捕获无人机,该武器与电子对抗结合使用可以进行分层防御。在操作员使用机载智能视界测量系统(Smart Scope)瞄准目标后,该系统可以借助压缩空气向无人机发射小型弹药并将其摧毁。SkyWall 压缩空气发射器系统及其不同用途的改型,都以配备光电瞄准模块的发射装置为基础,采用榴弹发射器形式,可以肩扛发射,也可以部署在固定位置,如图 15 - 3 所示,SkyWall 压缩空气发射器以拖车配置交付,永久安装在集装箱

图 15 - 3   以拖车配置交付、永久安装在集装箱
上的 SkyWall 压缩空气发射器拓展系统

上。SkyWall 压缩空气发射器系统关键性能参数见表 15 - 1 所列。

表 15 - 1   SkyWall 压缩空气发射器系统关键性能参数

性能指标	参　数	性能指标	参　数
总长	1.3 m	最大瞄准限度	<15 m/s
高(不考虑瞄准具)	300 mm	最大横向运动速度	<12.5 m/s
宽(不考虑瞄准具)	300 mm	最小射程 (取决于榴弹的工作原理)	约 10 m
重量	12 kg		
射程	120~200 m	射击后重新装弹时间 (不更换气瓶时)	<8~10 s
射高	90~100 m		
气瓶的压力	4 500 psi (306 个大气压)	最远射击距离	5.58 m
		弹药填充时间	<8 s

SkyWall 压缩空气发射器系统可以拆解后使用硬箱运输;壳体内部是轻型身管,打开后部口盖可以装填榴弹;前部身管下方是射击控制系统,系统尾部下方是可更换的压缩气瓶,通过开启阀门便可从气瓶供气实现弹药的发射;一个气瓶可以保证

几次发射,此后需要更换。瞄准系统具备光电、激光测距通道,能够自动跟踪空中目标,测距并校准射击方向。瞄准具主要是通过身管上的程控器向榴弹电子设备发送数据。Open Works Engineering 公司的 SkyWall 压缩空气发射器系统包括 SkyWall 100、SkyWall Patrol 以及 SkyWall Auto 三种型号。其中,该公司最新型的 SkyWall Auto 为固定、机动式平台,配有自动旋转架。SkyWall 压缩空气发射器拓展系统如图 15-4 所示。

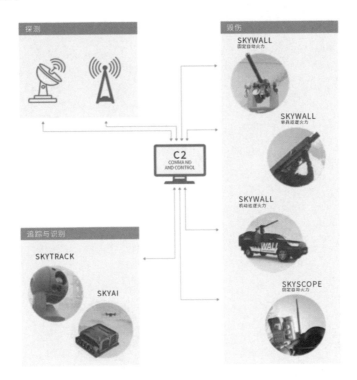

图 15-4 SkyWall 压缩空气发射器拓展系统

(三) 典型案用途和应用场景

SkyWall 压缩空气发射器拓展系统于 2016 年推出后,欧洲执法部门就将 Sky-Wall Patrol Net-Capture 和 HP47 手持干扰系统一起配合使用。这一概念性的结合提供了一种高度灵活的解决方案,并为希望将现有硬件升级为远程操作和自主保护系统的客户提供了升级选项。北约峰会中比利时警方部署的 SkyWall Patrol 动能反无人机武器,可用于向无人机发射网弹。SkyWall 300 建立在 SkyWall 100 的成功之上,据称正在被美国特勤局使用。非电子对抗系统可以允许敌对无人机被全部捕获,而不是被摧毁,这一设定可以从被捕获的无人机中收集情报或进行检查。凭借这样的优势,SkyWall 压缩空气发射器拓展系统已经被广泛部署在欧洲、北美和亚

洲的主要站点,为国际机场、核电站和五角大楼等关键国家基础设施提供保护。自
2017 年以来,手持式 SkyWall Patrol 系统已在多次 G7 活动中部署。在 2022 年德国
G7 会议上,最新型的 SkyWall Auto 系统首次公开。SkyWall Auto Response 被部
署为 G7 峰会安全架构的一部分,并保护 G7 峰会免受未经授权的无人机威胁。

第十六章　英国 K9 电气公司

英国 K9 电气公司[1]（K9 Electronics）成立于 1999 年,专注于为政府、工业和私营部门提供一系列监控和反监控的产品和服务,是一家专业的无人机干扰技术制造商。此外,无人机干扰产品只是公司业务的一部分,该公司也积极参与研发其他射频干扰系统以及提供相关服务。在反无人机领域,该公司主要推出了"无人机终结者"（Terminator）反无人机系统等一系列产品。

"无人机终结者"反无人机系统

（一）系统基本情况

"无人机终结者"反无人机系统是 K9 电气公司研发的一种基于功率压制干扰的反无人机系统,由干扰步枪、高功率干扰模块、多频段 GPS/GNSS 干扰器等组成。终结者便携式无人机干扰步枪是中高功率干扰系统,旨在干扰无人机和无人机使用的特定频率（包括 5G）。高功率多频段无人机干扰系统使用高增益定向天线进行精确定位,可配置多频段干扰系统,可以被配置于干扰北斗、格洛纳斯、伽利略卫星导航系统（Galileo Satellite Navigation System,GALILEO）、GPS 等卫星导航系统。该系统的控制模块可以来自任何第三方控制器或闭路电视系统,还可以配置为独立的 GPS/GNSS 干扰器或手机干扰器。

（二）性能参数及特点

K9 电气公司推出的终结者反无人机步枪系列有重量轻的优点,便于携带;提供可选择操作频段的人性化服务,提升使用者的体验感;使用密封外壳打造,支持防雨防沙,也为实战场景下的反无人机应用提供了保障。

该步枪系列在基础型的基础上,对各型号进行了个性化设计和升级。例如:终结者 3000 就配备了天线反射器,来增加前向增益和减少后瓣。步枪自带内置电池,并支持可折叠伸缩连接功能,更加方便携带。

"无人机终结者"反无人机系列[2]包括三款型号产品:终结者 3000（Terminator 3000）、终结者 1200（Terminator 1200）、终结者 2800（Terminator 2800）。终结者系

1　来源于 K9 电气公司官网,https://www.k9electronics.com。

2　Terminator 3000 featured at Queen's Award for Enterprise,https://drone-jammer.co.uk/f/terminator-3000-featured-at-queen's-award-for-enterprise。

列装备性能参数见表 16 – 1 所列。

表 16 – 1　终结者系列装备性能参数

装备型号	终结者 3000	终结者 1200	终结者 2800
装备图	Terminator 3000	Terminator 1200	Terminator 2800
支持频率	三频段	三频段	多波段
支持的频段	多频带:2.4G 和 5.8G	多频带:2.4G 和 5.8G	多波段:2.4G 和 5.8G, 4G – 800 MHz,1.8 GHz, 2.3 GHz,5G – 3.3 GHz
	导航信号: GPS 和 GLONASS	导航信号: GPS 和 GLONASS	导航信号: GPS/GLONASS(L1/G1)
天线类型	方向型天线	方向型天线	方向型天线
干扰能力范围	大于 2 km	大于 1 km	大于 1 km

（三）用途和典型案例

"无人机终结者"反无人机步枪配置干扰无人机和无人机在飞行中使用的卫星导航频率,在这方面它同样有优秀的表现。2021 年 9 月 9 日,终结者 3000 无人机干扰枪荣获女王企业奖。

第十七章　英国无人机防御公司

无人机防御公司[1]（Drone Defence）成立于 2017 年,旨在解决非法使用无人机技术中存在的安全隐患,争取开创反无人机技术新未来。无人机防御公司可以根据终端用户的要求和预算提供广泛的可扩展解决方案。该公司先进的射频检测系统可以提供实时感知,并且必要时可以与雷达、摄像头和人工智能等其他传感技术相结合以拓展该系统的功能。该公司的航空追踪器可以供当局和空中交通管理人员在其职责范围内识别和跟踪无人机以及其他形式的飞行器,同时为无人机操作员提供可靠的数据信息和飞行日志。无人机防御公司采用的航空哨兵具有探测、追踪和识别广阔区域、陆地或海上无人机的能力,可以使用先进的射频信号处理技术来确定无人机的方位和大致范围,再借助传感器从单个位置提供传入无人机的大致方向,以便安全人员知道潜在威胁来自何处。

Paladyne E1000MP 反无人机步枪

（一）系统基本情况

Paladyne E1000MP[2] 是一款便携式反无人机解决方案,其操作简单,有极高的灵活性,极易被运输。该设备通过电子手段专注于阻止来自无人机的控制和视频信号,可以最大限度地减少对本地其他设备的影响（避免不必要的干扰）。该设备射程可达 1 km,可破坏大多数商用无人机的指令和导航信号;它体积小、重量轻且紧凑;手枪形式的设计也便于其在必要时,安装在步枪之上,其控制器可以简单地装在一个小背包或袋子里,且有一系列可定制的颜色,包括增加其隐身性的夜间模式的选项。Paladyne E1000MP 反无人机系统如图 17-1 所示。

图 17-1　Paladyne E1000MP 反无人机系统

1　来源于无人机防御公司官网,https://www.dronedefence.co.uk/。

2　Corporate Drone Security - Drone Defence,https://www.dronedefence.co.uk/corporate-drone-security/。

（二）性能参数及特点

Paladyne E1000MP 反无人机系统通过向目标无人机发射电磁干扰信号,影响其通信控制、GPS 定位和远程视频传输,与操作者断开连接的无人机就会进入"安全模式"——原地降落或折返至起飞点。该设备的干扰操作范围可达 1 km,终端用户可以根据自身的需求,任意选择全向或者定向天线,定向天线可将干扰信号聚拢到一架特定的无人机上,而全向天线则可覆盖更大的防护区域。操作员可以控制期望拦截的频道,再激活无人机中的"返航"功能,由此找出操作员的位置,如图 17 – 2 所示为 Paladyne E1000MP 反无人机系统的操作方式。Paladyne E1000MP 共有 5 个干扰频率频道,涵盖最流行的无人机,此外,还可以自由选择输出功率频率,总输出功率超过 100 W。Paladyne E1000MP 反无人机系统关键性能参数见表 17 – 1 所列。

图 17 – 2　Paladyne E1000MP 反无人机系统使用方式

表 17 – 1　Paladyne E1000MP 反无人机系统关键性能参数

性能指标	参　数
设备类型	便携式干扰器
干扰距离	最大 1 km
频率范围	433 MHz、2.4～2.5 GHz, 5.7～5.9 GHz; GPS(L1)、GLONASS(L1)
尺寸(长×宽×高)	390 mm×340 mm×130 mm
整体重量	15 kg
电源输入	交流:220 V/110 V
	直流:27 V

无人机防御公司也推出了 Paladyne E1000MP 的升级版 Paladyne E2000MP,其具有体积小、重量轻且紧凑的特点,是一款完全由电池供电的无人机屏蔽式系统,设计为单手操作,其作用范围增加到 2 km,满电状态下可待机 30 天,可放在带有激光切割泡沫插件的耐用手提箱中,如图 17 – 3 所示。

图 17 – 3　Paladyne E2000MP 反无人机系统

第十八章　德国罗德与施瓦茨公司

　　1933 年,罗德与施瓦茨公司[1](Rohde & Schwarz)正式成立,总部位于德国,目前在美国、中国、日本、新加坡、巴西和阿布扎比(阿联酋)都设有分部,业务遍及全球70多个国家。该公司的产品在移动通信、无线电、广播、军事和空中交通管制(Air Traffic Control,ATC)通信以及其他许多应用领域都发挥了重要的作用,包括通信、电磁兼容、通用和射频信号探测仪器、测试无线电、通信系统、数字集群通信系统、通信安全电视和音频广播的传输、监测与测量设备无线电监测和定位系统等应用领域。该公司也是政府、军队、航空航天和国防行业领先公司的长期密切合作伙伴。几十年来,该公司一直为世界各地的陆军、空军和海军部队提供创新的通信和情报系统。

　　罗德与施瓦茨公司凭借其科技创新和高性能的测试与测量仪器,已成为雷达和电子战、卫星技术、航空电子、导航测试与测量领域的引领者。罗德与施瓦茨公司的无人机探测和防御解决方案可及早发现潜在威胁并采取适当的对策,该公司还可提供用于检测、定位和测量无线电通信信号的系统,其产品组合适用于所有频率范围和众多平台的探测、测向和分析系统。罗德与施瓦茨公司推出的空中交通管制通信系统已在全球 200 多个机场和空中交通管制中心使用,该系统有助于确保空中交通安全。在反无人机领域,罗德与施瓦茨公司的主要产品是 R&S ARDRONIS 反无人机系统,其系列产品如图 18 - 1 所示。

图 18 - 1　R&S ARDRONIS 反无人机系统系列产品

R&S ARDRONIS 反无人机系统

(一) 系统基本情况

　　德国罗德与施瓦茨公司于 2015 年推出了 R&S ARDRONIS 无线电监测和对抗无人机系统[2],该系统是一个可扩展的系统,旨在检测和抵御 400 MHz～5.8 GHz 范

　　1　来源于罗德与施瓦茨公司官网,https://www.rohde-schwarz.com/home_48230.html。

　　2　R&S ARDRONIS for effective drone defense, https://www.rohde-schwarz.com/us/products/aerospace-defense-security/counter-drone-systems_250881.html。

围内运行的小型无人机威胁。当 R&S ARDRONIS 系统检测到商业无人机活动时，它会自动对无人机信号类型进行分类，确定无人机及其飞行员的方向，并根据命令中断无线电控制链路以达到阻止无人机的目的。图 18-2 所示为 R&S ARDRONIS 反无人机系统工作概念图。

图 18-2 R&S ARDRONIS 反无人机系统工作概念图

R&S ARDRONIS 反无人机系统的一个主要特点是集成了早期预警功能，可在无人机起飞前检测到频率活动，并将早期预警与有效测向相结合，通过给定准确的方向信息消除威胁。该系统还可以根据无人机的类型和数量，采用智能跟踪干扰模式或智能宽带扫频干扰模式，智能选择最佳方式消除威胁。R&S ARDRONIS 反无人机系统易于使用，可作为便携式、固定式系统或集成在车辆中运行，当任务区域较大时可使用多台联网的测向机，以便对无人机与遥控器进行定位，将其位置显示在电子地图上。ARDRONIS 系统开放的接口使其易于集成到用户现有系统。R&S ARDRONIS 反无人机系统的 GUI 操作界面如图 18-3 所示。

图 18-3 R&S ARDRONIS 反无人机系统的 GUI 操作界面

(二) 性能参数及特点

在基本配置方面，R&S ARDRONIS 反无人机系统依靠 EB500 系列紧凑型数字接收机实现对飞行器的传输检测、识别和监控功能。EB500 系列的宽频率范围一般是 8 KHz～6 GHz(基本单位:20 MHz～3.6 GHz)，通常与 HE600 防风雨有源全向天线耦合，频率范围是 20 MHz～8 GHz，可安装在移动或静态节点上。当需要额外的数据来识别无人机的一般方向/方位时，系统可以加增配置 DDF550 系列宽带测向仪，该测向仪配备了集成、可扩展避雷功能的测向天线，具备高测向精度、灵敏度和抗反射能力，使 R&S ARDRONIS 系统能够实现更高的灵敏度和精确度。这一特点使得无人机操作员和车辆能够进行测向和传输监控，以及通过任何流式视频传输。

罗德与施瓦茨公司将 R&S ARDRONIS 反无人机系统设计为一种一体化解决反无人机作战需求的优选系统，并根据不同任务需求，衍生出 R&S® ARDRONIS - I、R&S® ARDRONIS - D、R&S® ARDRONIS - R 和 R&S® ARDRONIS - P 4 款功能特点更加明确聚焦的分型装备。各分型系统构成和部分参数见表 18-1 所列。

表 18-1　R&S ARDRONIS 反无人机系统各分型系统构成和部分参数

项　目	R&S® ARDRONIS - I	R&S® ARDRONIS - D	R&S® ARDRONIS - R	R&S® ARDRONIS - P
型号实物图				
组件	R&S® EB500 监控接收器（包含 R&S® EB500 - FESHF 频率范围扩展和 R&S® EB500 - PS 全景扫描选项）	R&S® DDF550 宽带测向仪（包含 R&S® DDF550 - IGT 内部 GPS 时间同步选项）	R&S® WSE 宽带智能励磁机（包括内部 GPS 模块）	R&S® ADD078SRUHF/SHF 测向天线（3～6 GHz）和 R&S® DDF550 双通道宽带测向仪（包含 R&S® DDF550 - IGT 内部 GPS 时间同步选项）
	R&S® ARDRONIS 识别软件	R&S® ADD078SRUHF/SHFSR 测向天线（频率范围 3～6 GHz）	R&S® WSE - RTA 接收/发送开关和放大器	R&S® WSE 宽带智能励磁机（包含内部 GPS 模块）
			R&S® SGT100ASGMA 矢量信号源，包含 R&S® SGT - KB106、R&S® SGT - K18	R&S® WSE - RTA 接收/发送开关和放大器

项　目	R&S® ARDRONIS - I	R&S® ARDRONIS - D	R&S® ARDRONIS - R	R&S® ARDRONIS - P
组件	R&S ARDRONIS 控制中心软件 测试套件（FHSS 无人机遥控器）	R&S® ARDNR&S® ARDRONIS 识别软件 R&S® ARDN - DF（包含 R&S® ARDRONIS 测向选项软件） R&S ARDRONIS 控制中心软件 测试套件（FHSS 无人机遥控器）	R&S® ARDN R&S® ARDRONIS 分类软件 R&S® ARDN - CMR&S® ARDRONIS 对抗选项软件 R&S ARDRONIS 控制中心软件 测试套件（FHSS 无人机遥控器）	R&S® SGT100ASGMA 矢量信号源（包含 R&S® SGT - KB106、R&S® SGT - K18) R&S® ARDN（包含 R&S® ARDRONIS 分类软件） R&S® ARDN - DF（包含 R&S® ARDRONIS 测向选项软件） R&S® ARDN - CM（包含 R&S® ARDRONIS 对抗选项软件） R&S ARDRONIS 控制中心软件 测试套件（FHSS 无人机遥控器）
检测范围	最大值：7 km 最小值：4 km	最大值：7 km 最小值：4 km	最大值：7 km 最小值：4 km	最大值：7 km 最小值：4 km
列装方式	固定	固定	固定	固定
应用	机场	机场	机场	机场
类型	带干扰	带干扰	带干扰	带干扰
特点	无人机活动预警；无人机类型精准分类；对预定义人员/团队的威胁通知	无人机活动预警；无人机类型精准分类；对预定义人员/团队的威胁通知；无人机及其飞行员的本地化	无人机活动预警；无人机类型精准分类；对预定义人员/团队的威胁通知；RC 链路中断	无人机活动预警；无人机类型精准分类；对预定义人员/团队的威胁通知；RC 链路中断；无人机及其飞行员的本地化

（三）典型应用案例

2016 年,罗德与施瓦茨公司在中国站进行 R&S ARDRONIS 全系统、全功能、全操作演示。在山东莱芜雪野机场、国家无线电监测中心北京监测站、R&S 中国总部等地进行了先后四次演示活动,展示了其系统实时的感知、可靠的发现、及时的报警、准确的测向以及有效的压制等一系列出色性能。目前,罗德与施瓦茨公司生产的 ARDRONIS 反无人机系统已被德国联邦执法部门和德国联邦国防军采用,后者已委托合作伙伴 ESG 配备了 R&S ARDRONIS 反无人机系统的升级系统——GUARDION(增配雷达、红外、视频等探测手段),此系统被德国联邦国防军用于军队部署区域的营地防护[1]。此外,R&S ARDRONIS 反无人机系统还全程保障了德国 G7 峰会的安全。

1　来源于《日渐成功的 R&S ARDRONIS 系统》,http://www. mwrf. net/news/suppliers/202027179. html。

第十九章　德国 Dedrone 公司

2014 年,Dedrone[1] 公司在德国成立,该公司专门从事先进的空域保护软件技术研发,旨在保护国家、军队、社会公共设施免受恶意无人机的侵害。Dedrone 公司的产品可以识别、定位和分析无人机活动,并在其入侵后提供取证数据——这些信息构成了解除任何无人机威胁的基础。Dedrone 公司专注于保障空域安全,为服务商提供众多相关应用场景的落地系统。Dedrone 公司可以提供高级视频分析服务,可用于检测和定位无人机位置的视频算法,也可提供专为空域安全而设计的无人机集群追踪解决方案,并收集有关空域中无人机活动的数据信息。此外,Dedrone 公司提供的解决方案可以在理想条件下探测 4.8 km 内各种无人机,还可以捕获包括警报实时动态、飞机类型、时间和活动轨迹等活动统计数据,并通过集成的高级分析发出警报和报告。在反无人机领域,Dedrone 公司推出的主打产品是"无人机追踪者"系统(Drone Tracker)。

"无人机追踪者"系统

(一) 系统基本情况

Dedrone 公司的"无人机追踪者"系统[2]是一个多传感器单元系统(固定式或便携式),带有可更新的软件,具有用户友好型界面,可以直接安装在计算机、智能手机或平板电脑上。单一的监控方式难以综合识别目标无人机的大小、形状、速度和飞行轨迹等,因此"无人机追踪者"系统增加了一系列传感器的方式实时侦测无人机。"无人机追踪者"系统不同于其他无人机预警系统,它可以依靠噪声、形状和运动模式等多个参数,检测所有类型的无人机,如图 19－1 所示为"无人机追踪者"系统工作概念图。

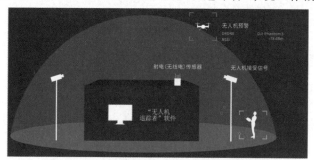

图 19－1　"无人机追踪者"系统工作概念图

1　来源于 Dedrone 公司官网,https://www.dedrone.com/。

2　Dedrone's anti-drone jammer sold to top governments around the world,https://www.dedrone.com/products/mitigation。

（二）性能参数及特点

"无人机追踪者"系统主要由光电/红外传感器、声波和超声波设备及摄像机组成,如图19-2所示。该系统本身和数据处理系统可直接使用计算机或智能手机进行管理,系统通过自带设备可以连接到建筑物的外墙或特殊站位上,对空域进行高效监视。当非法无人机侵入安全空域时,无人机位置会在数字地图上实时显示,视频证据会被自动保存,同时警报会立即触发,安保人员可以立即采取行动。

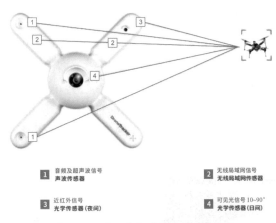

1　音频及超声波信号
　声波传感器

2　无线局域网信号
　无线局域网传感器

3　近红外信号
　光学传感器(夜间)

4　可见光信号10~90°
　光学传感器(日间)

图19-2　"无人机追踪者"系统构成

固定式"无人机追踪者"系统装置可以永久安装在外墙或特殊桅杆上,以便进行全天候测量空域,如图19-3所示。便携式"无人机追踪者"专为临时使用而设计,例如在国事访问、公共会议、音乐会或体育赛事中,可以将其安装到三脚架上并部署在任何地方,进行早期无人机检测,它还可以通过特殊的"技术箱"供电并连接互联网,如图19-4所示。

**图19-3　"无人机追踪者"系统
多传感器单元(固定式)**

**图19-4　"无人机追踪者"系统
多传感器单元(便携式)**

用户可以在 Web 界面轻松配置"无人机追踪者"系统,检索视频或先前无人机警报历史等数据,如图 19-5 所示。用户可以在计算机、智能手机或平板电脑上实时查看监控的空域。当检测到威胁时,系统会立即通过短信、电子邮件、简单网络管理协议(Simple Network Management Protocol,SNMP)、网络消息进行通知示警。

"无人机追踪者"系统装配的麦克风接收范围为 50~80 m,具有可靠的典型声学特性检测系统,且每个"无人机追踪者"系统都配备了日光摄像头,使用增强的图像分析功能来分析实时视频源,进行数据解释。根据噪声、形状和运动模式等多个参数,系统配置的智能模块会对其进行分类标记。系统将这个标记称为 Drone DNA,并将其存储在一个基于云的数据库中,如图 19-6 所示。客户可以将其所检测到的无人机视频进行分类标记后添加到数据库中,全球所有的"无人机追踪者"系统都会定期收到 DNA 更新,因此所有用户都会因为数据的不断更新而受益。"无人机追踪者"系统的巨大优势就在于此,所有数据都经过处理,并在设备本身和通过云计算执行智能功能,无须在用户的数据中心安装额外的计算机。使用基于浏览器的用户友好型软件界面,只需通过计算机、平板电脑或智能手机点击几下即可配置系统,无人机检测系统还可以通过云定期更新。

图 19-5 "无人机追踪者"系统用户界面 　　图 19-6 "无人机追踪者"系统的 DNA 标记

2016 年 8 月,"无人机追踪者"系统 2.0 版正式推出,新版本对无线网络传感器进行了升级,可以通过无线网信号探测无人机。不管这些无线网信号是来自控制无人机的智能手机,还是来自向地面人员传输视频信号的机载摄像机,其发射装置的物理地址都能够被新的传感器识别读出。

2021 年,Dedrone 公司推出了"无人机追踪者"系统 4.5 版。除原有功能外,配置 Google 地图的"无人机追踪者"系统是该版本更新的亮点——通过 Google 地图获得更可靠的位置信息,提供更高的地图分辨率、更深的缩放级别以及通过更快的加载和地图元素等增强整体性能。此外,"无人机追踪者"系统 4.5 版通过 Drone DNA 已经能够识别近 250 种无人机类型,涵盖 60 多个不同的制造商,并能尽量减少误报,例如鸟类、飞机和其他飞行物体。目前,"无人机追踪者"系统 4.5 版涵盖数百万张图像,可为用户提供较为全面的小型无人机分类,以应对当今和未来的无人机威胁。

（三）典型用途

　　"无人机追踪者"系统软件可以通过来自高分辨率摄像机的信息来区分无人机和其他移动物体,并能在地图上绘制无人机的位置和飞行路径。2021 年 2 月 15 日,Dedrone 公司宣布已获得 378 000 英镑的未来飞行挑战基金拨款,该款项被用于开发无人机探测技术,并作为英国政府"未来飞行挑战"的一部分。目前,"无人机追踪者"系统 2.0 版已经被 50 多个国家的 100 多个合作伙伴采用。

第二十章　　意大利 IDS 集团

IDS集团[1]（Ingegneria Dei Sistemi）于 1980 年在意大利成立,是一家提供高科技综合解决方案和服务的公司,多年来一直在研究和开发完整的无人机系统,包括地面控制站、数据通信链路,以及一系列无人机、地面和水下无人车辆。IDS 集团在直升机和旋翼设计、飞机航空电子系统（如飞行控制系统和自动驾驶仪）、天线和飞机设计方面累积的研发经验为其开拓无人机市场提供了帮助。在战术无人机作战领域,IDS 集团的无人机（例如 IA‑3 Colibrì）可用于执行空中、陆地和海上监视、车队保护和情报、监视、目标获取和侦察（Intelligence, surveillance, target acquisition, reconnaissance, ISTAR）等任务。在民用无人机领域,IDS 集团的无人机可开展管道和电力线检查、航空测绘、摄影测量、铁路检查和搜救等专业化作业。无人机可以配备各种有效载荷,从 EO/IR 相机到各种传感器和测量设备,从 Li DAR 扫描仪到电子对抗。IDS 集团还生产一系列从手持式到车载式的地面控制站,提供对遥控飞行器和有效载荷的控制,甚至可以在飞行器上设置专用的有效载荷控制站选项。

在反无人机领域,IDS 集团推出了主打产品"黑骑士"探测雷达（Black Knight Detection Radar）。

"黑骑士"探测雷达

（一）系统基本情况

IDS 集团于 2017 年推出的"黑骑士"探测雷达[2],如图 20‑1 所示,是一种基于雷

图 20‑1　"黑骑士"探测雷达

1　来源于 IDS 集团官网,https://www.idscorporation.com。

2　Black Knight Detection Radar｜IDS Ingegneria Dei Sistemi, https://www.idscorporation.com/pf/black-knight/。

达探测的系统,能够探测Ⅰ级(袖珍型或小型)及以上的固定翼和旋翼无人机,可用于检测和定位在受控空域或在潜在危险情况下未经授权或不安全使用的无人机,同时还可以防止无人机的恶意使用。

(二)性能参数及特点

"黑骑士"探测雷达主要由X波段雷达、命令控制台、供电单元、EO/IR摄像头和射频干扰器五部分组成;可在白天或夜间以及恶劣天气条件下提供360°全方位覆盖;它可以安装在固定位置,提供永久或半永久保护,也可以安装在拖车上,以便快速设置移动使用。

该系统由雷达模块配合EO/IR摄像头模块等,如图20-2所示为"黑骑士"探测雷达所配置的EO/IR摄像头。其可实现360°全覆盖探测,最远可探测2 km内的微型无人机(重量小于150 kg,迷你型和小型),而更大的无人机可以实现更远的探测距离,并对在1 km范围内的目标进行光/热跟踪。"黑骑士"探测雷达可以完成多目标检测,通过无人机的飞行特性进行分类,进行多目标跟踪等任务,其检测的

图20-2　"黑骑士"探测雷达所配置的EO/IR摄像头

准确率可达90%。"黑骑士"探测雷达模块关键性能指标参数见表20-1所列。

表20-1　"黑骑士"探测雷达模块关键性能指标参数

性能指标	参　　数
频带	X波段
雷达类型	距离-多普勒
检测范围	1.5 km
仪器量程	10 km
距离分辨率	<15 m
最大速度	150 km/h
速度分辨率	0.4 m/s
方位覆盖	360°
方位分辨率	7°
高程覆盖率	228°(倾斜角度可调,从0°~70°)
重量(不带三脚架)	64 kg

（三）典型用途

"黑骑士"探测雷达广泛部署于前方作战基地和军用机场、政府大楼（部委、大使馆）、公共活动和集会等重要场所，如图20-3所示，可对机场与飞行路线、重要设施场所与重要领导人物的安全进行全方位保障。

图20-3　部署完成的"黑骑士"探测雷达

第二十一章　意大利 Selex ES 公司

Selex ES[1] 公司于 2013 年 1 月成立,是意大利芬梅卡尼卡集团(Finmeccanica S. p. a.)的子公司,该公司专注于意大利和英国的电子软件业务。从 2016 年 1 月 1 日起,由于集团内部整合,Selex ES 的主营业务分为 3 个部门:机载空间部门、陆海军国防电子部门和安全信息系统部门。机载空间部门包括所有具备机载能力的技术和产品,即从无人机集成任务系统到雷达、电子战设备、航空电子设备、模拟系统、目标无人机和空间传感器、有效载荷和设备。陆海军国防电子部门包括陆地和海军领域的技术和产品,即从复杂系统架构的设计到战术综合系统、海军作战管理系统、陆地和海军雷达、态势感知传感器和军事通信基础设施。安全信息系统部门不仅需要关注网络基础设施和系统架构的建设,同时从事国土保护以及空中和船舶的交通管理等工作。在反无人机领域,Selex ES 公司主要推出的产品是"隼盾"(Falcon Shield)反无人机系统。

"隼盾"反无人机系统

(一) 系统基本情况

Selex ES 公司推出的"隼盾"反无人机系统[2],旨在应对来自低空、慢速和小型无人机系统的威胁。"隼盾"反无人机系统是一种快速部署、可扩展和模块化的系统,可以为用户提供多光谱威胁感知能力,并通过集成电子攻击能力,提供多层次威胁响应。"隼盾"反无人机系统不仅可以发现、识别、跟踪、定位并击落敌对或可疑的微型无人机,它还具备一种独特的能力,即从对方手中夺得无人机控制权,迫使其改变飞行方向并安全降落[3]。"隼盾"反无人机系统如图 21-1 所示。

图 21-1　"隼盾"反无人机系统

1　来源于 Selex ES 公司官网,https://www.leonardocompany-us.com。

2　Finmeccanica-Selex ES lancia il sistema Counter-UAV Falcon Shield | Leonardo,https://www.leonardo.com/it/press-release-detail/-/detail/finmeccanica-selex-es-launches-falcon-shield-counter-uav-system。

3　《揭秘:国外陆军反无人机技术 五大反无人机技术全揭示》,https://www.81uav.cn/tech/201807/05/780_2.html。

（二）性能参数及特点

"隼盾"反无人机系统是由雷达模块、高性能光电系统、射频管理系统和指挥控制软件组成的，如图 21-2 所示。该系统软件提供了一个模块化的集成框架和直观的用户界面，能够全面监控无人机的威胁环境并提供有效的缓解方案，同时客户指定的第三方设备可以很容易地集成到系统中。"隼盾"反无人机系统利用覆盖 360°的专业雷达和电子监视技术可以快速检测、跟踪和确定无人机威胁的优先级，同时利用该公司一系列的高性能光电传感器和用于攻击的电子元件，在范围内确认和消除威胁，并在被保护区域周围提供防护。

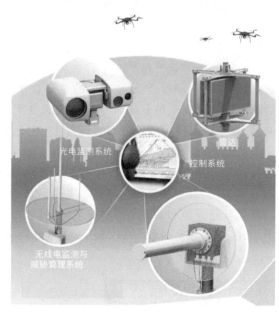

图 21-2 "隼盾"反无人机系统构成

"隼盾"反无人机系统工作概念图如图 21-3 所示。

图 21-3 "隼盾"反无人机系统工作概念图

"隼盾"反无人机系统功能特点见表 21-1 所列。

表 21-1 "隼盾"反无人机系统功能特点

模块组成	功能特点
雷达模块	开放标准 IP 接口和 ASTERIX 雷达接口
	连续 360°或扇区覆盖
高性能光电(EO)系统	NERIO-ULR(是最先进的模块化光电(EO)监视、威胁捕获(STA)和侦察系统)
	高分辨率热和可见光波段摄像机
	视觉安全激光测距仪
射频管理系统	进行电子监控和攻击;集成并行电子攻击能力,通过指挥链路控制干预提供多层威胁响应
指挥控制软件(C2SA)	直观的人机界面(HMI,人机接口)
	自动威胁检测和跟踪
	基于 IP 的开放标准控制接口
	配置地理空间信息系统

(三)典型应用场景

"隼盾"反无人机系统被广泛应用于军队和基地的安全保护;此外,该系统既可以为城市大型建筑群提供全程重点保护,也可以为机场或大型关键基础设施(如核电站或前沿军事基地等)提供保护。"隼盾"反无人机系统于 2015 年 9 月 15 日在英国伦敦 DSEI(英国伦敦防务展)上展示,目前已在英国皇家空军以及意大利陆军和意大利空军服役。

第二十二章　意大利 CPM Elettronica 公司

CPM Elettronica[1] 是一家意大利公司,总部位于罗马,公司主要设计和生产电子对抗领域的装备产品,并专注于射频干扰系统。CPM Elettronica 公司的产品可识别、评估和击败来自陆地和空中的威胁,确保关键基础设施的安全和隐私。

此外,CPM Elettronica 公司一直积极提供全球解决方案,并参加了主要的国际安全展览,例如:Milipol Paris、Milipol Asia－Pacific、Milipol、The State of Qatar、IDEX、Eurosatory、SeaFuture、IFSEC 等,如图 22－1 所示,CPM Elettronica 公司的反无人机系统产品在欧洲防务展上展出。CPM Elettronica 公司长期与意大利

图 22－1　CPM DJI 1204B 反无人机系统产品在欧洲防务展(Eurosatory)上展出

及外国政府机构和武装部队合作,其相关系统已经在世界主要敏感地区投入工作了 10 多年,并每天为全球许多高风险车队提供安全保障。在反无人机领域,该公司推出的主要产品是 CPM DJI 1204B 反无人机系统。

CPM DJI 1204B 反无人机系统

(一) 系统基本情况

CPM DJI 1204B 反无人机系统[2] 是意大利 CPM Elettronica 公司的 CPM－Drone Jammers 无人机对抗系统系列产品之一,可防止无人机入侵。它重量轻且易于使用,由 4 个波段干扰器电路组成,能够切断无人机与操作员/GPS 之间最常见的链接,避免无人机到达其目标点,能使无人机正常降落并进行垂直下降。CPM DJI 1204B 反无人机系统如图 22－2 所示。

图 22－2　CPM DJI 1204B 反无人机系统

1　来源于 CPM Elettronica 公司官网,https://www.cpmelettronica.com。

2　Drone jammers｜CPM Elettronica S. r. l. ,https://www.cpmelettronica.com/drone-jammers-3. html。

（二）性能参数及特点

CPM DJI 1204B 反无人机系统配备了 4 个干扰器模块,每个模块都具有 GAN 技术功率放大器,每个提供 30 W 功率,可用于 20～6 000 MHz 的所有频率。当 CPM DJI 1204B 反无人机系统在无人机与控制站之间的距离为 70 m 时,可以在 700 m 的距离内拦截无人机。其性能参数见表 22－1 所列。

表 22－1 **CPM DJI 1204B 反无人机系统关键性能参数**

性能指标	参 数
干扰频率和功率输出	1 号频段:30W±1.5 dB 可用
	2 号频段:30W±1.5 dB——SAT1500 MHz
	3 号频段:30W±1.5 dB——2.4～2.5 GHz Wi-Fi
	4 号频段:15W±1.5 dB——5.8 GHz 视频链路
干扰模式	CW(Continuous Wave,连续波信号)全波段数字扫描和数字噪声
干扰技术	对数字直接合成信号的直接调制
天线	定向步枪式天线(一组 4 个高增益定向天线)
有效无人机拦截范围	约 700 m,其中 70 m 为 UCS(遥控)与无人机的距离 10∶1(距离 UAV/DJ/距离 UAV－UCS)
系统总重量	17 kg(包括电池、备份和天线)

（三）典型应用案例

CPM ANTI－UAV JAMMERS 系列产品在习近平主席和普京总统访问罗马期间提供了安全保护。意大利国防部于 2020 年 4 月采购一批 CPM DJI 1204B 反无人机系统产品和相关培训课程,如图 22－3 所示。

图 22－3 **CPM DJI 1204B 为意大利国防部提供保障**

第二十三章　荷兰 Delft Dynamics 公司

Delft Dynamics[1] 公司于 2006 年 2 月在荷兰成立,该公司专门研发无人机系统,主要包括小型无人直升机和多旋翼机,拥有超过 12 年的无人驾驶直升机研发和制造经验。Delft Dynamics 公司为第三方提供无人机系统工程服务,开发和制造了多种类型的机器人直升机(RH2 Stern、RH3 Swift 和 RH4 Spyder),同时还参与了许多国内外项目,例如 U - Drone 项目。在该国防技术项目中,主要研究开发如何在建筑物、隧道、地下通道等内部使用系留无人机,并以安全且不受干扰的方式绘制周围环境并找到合适站点。除了 RH2 Stern 等机器人直升机的设计和制造外,Delft Dynamics 公司还利用多年在硬件和软件集成、实时仿真和控制设计领域的经验开展工程任务。为提高无人机系统的适用性,Delft Dynamics 公司经常与研究机构和用户开展项目。在反无人机领域,Delft Dynamic 公司推出的主打产品是"无人机捕手"(Drone Catcher)反无人机系统。

"无人机捕手"反无人机系统

(一) 系统基本情况

"无人机捕手"反无人机系统[2]是一种配备网枪的多旋翼飞行器,可以安全地从空中清理非法无人机。该系统通过配置雷达、视觉系统和声学系统实现目标无人机的快速捕获,同时搭载多个用于网枪锁定目标的机载传感器,如图 23 - 1 所示。

图 23 - 1　"无人机捕手"反无人机系统

(二) 性能参数及特点

"无人机捕手"反无人机系统的工作过程是:操作员操控反无人机飞至目标无人机的斜上方,其装置的网枪瞄准系统在操作员锁定目标后会对目标进行自动跟踪,

---

1　来源于 Delft Dynamics 公司官网,https://www.delftdynamics.nl。
2　DroneCatcher | Delft Dynamics,https://www.delftdynamics.nl/?page_id=530。

同时发射捕获网,捕获目标无人机后用电缆将其带到安全区域,如图 23-2 所示。如果捕获的无人机太重而无法拖拽,则可以释放降落伞将其包裹放下,从而将各类影响降低到最小并平稳下降到地面。该系统性能参数见表 23-1 所列。

图 23-2 "无人机捕手"反无人机系统通过网枪发射捕获无人机过程

表 23-1 "无人机捕手"反无人机系统性能参数

性能指标	参 数	性能指标	参 数
对角线尺寸	750 mm(不包含螺旋桨)	续航时间	30 min
高度	350 mm	网枪距离	20 m
速度	20 m/s	重量	<6 kg

(三) 典型用途

"无人机捕手"反无人机系统广泛部署于荷兰皇家军警、荷兰国家警察和荷兰司法部,适用于保护机场、监狱、军事基地、国会大厦等相关重要场所。

第二十四章　瑞典萨博公司

　　萨博公司[1](Svenska Aeroplan AB,SAAB)是瑞典的一家航空及武器制造商,成立于1937年的特罗尔海坦,原是瑞典政府为维护第二次世界大战中其制空权而成立的飞机制造厂。萨博公司为5个不同的细分领域提供有竞争力的产品、解决方案和系统服务,主要包括军用航空、海军、陆军、民事安全和商业航空领域。萨博公司是世界上同时制造飞机、汽车、卡车、战车、火箭、卫星、电脑与通信等高科技产品的工业公司。

　　目前,该公司主要的服务方向是为瑞典提供军用飞机,并提供从军事防御到民用安全的优质解决方案和产品服务。萨博公司的市场产品非常多样,包括广泛涉及研发的复杂系统以及高度重复的服务,在反无人机领域以性能良好的"长颈鹿"灵敏多波束雷达(Giraffe Agile Multi Beam Radar, Giraffe AMB Radar)系统闻名世界。

"长颈鹿"灵敏多波束雷达系统

(一) 系统基本情况

　　"长颈鹿"灵敏多波束雷达系统[2]是由瑞典的国防和安全公司萨博公司研制,是世界上应用最广泛的防空雷达之一,可进行定点防护和区域防空,为多型近程、中程防空导弹提供目标指示,已成为多国陆军部队的首选雷达系统,如图24-1所示。瑞典萨博公司于2015年对"长颈鹿"灵敏多波束雷达系统能力进行了拓展,使其可在常规模式下提供空中监视能力的同时,还可对无人机进行探测、分类和同时定位和警告低空、低速飞行的小型无人机。"长颈鹿"灵敏多波束雷达系统还可以为各国提供沿海监视,如图24-2所示。

图24-1　"长颈鹿"灵敏
多波束雷达系统

图24-2　"长颈鹿"灵敏多波束
雷达系统可提供沿海监视

1　Saab AB｜Swedish firm｜Britannica,https://www.britannica.com/topic/Saab-AB。

2　Giraffe AMB｜Saab,https://www.saab.com/products/giraffe-amb。

（二）性能参数及特点

"长颈鹿"灵敏多波束雷达系统为脉冲多普勒雷达,工作于 C 波段(5.40～5.90 GHz),
包括地面机动式、固定式以及海上型号,
集近中程指挥、控制和通信(Command,
Control,Communication,C3I)于一体。
作为防空系统中的目标探测和指挥系统,
该系统可探测强杂波和电子干扰环境中
的低空目标,并自动检测、收集目标数据,
将目标数据经通信线送往火控单元。作
为机动式防空系统,其突出优点是可快速
部署,架设和撤收时间均少于 10 min,部
署完成的"长颈鹿"灵敏多波束雷达系统

图 24 - 3　部署完成的"长颈鹿"
灵敏多波束雷达系统

如图 24 - 3 所示。"长颈鹿"灵敏多波束雷达关键性能参数见表 24 - 1 所列。

表 24 - 1　"长颈鹿"灵敏多波束雷达系统关键性能参数

性能指标	参　　数
雷达类型	脉冲多普勒搜索雷达,是一种无源电子扫描阵列雷达
功能	敌我识别(Identification Friend or Force,IFF)模式与 Link16 数据网络的集成
频率	C 波段
天线特点	堆叠波束,一个宽波束和多个窄波束同时接收
范围	470 km,360°
覆盖范围	射程覆盖 60 km/h,高度覆盖 20 km/h
仪表范围	30 km/60 km/100 km
目标重访时间	1 s,120 km 范围内 360°完整更新
海拔覆盖范围	0～20 000 m
工作时间	7×24 h 全天候能力,完全运行超过 15 0000 h
部署时间	不超过 10 min

（三）用途和典型案例

"长颈鹿"灵敏多波束雷达系统能够保持空中态势感知和地面防空能力,可用于
地基防空多任务监视和部队资产保护(跟踪小型弹道物体、预测撞击位置以及撞击
保护区前自动预警)。自 1978 年以来,约 450 套"长颈鹿"灵敏多波束雷达系统被订
购,并在瑞典以外的 18 个国家和地区投入使用。2018 年 6 月,英国接收了第 10 套

"长颈鹿"灵敏多波束雷达系统,该国也成为世界上最大的陆基"长颈鹿"灵敏多波束雷达系统的运营商。"长颈鹿"灵敏多波束雷达系统为英国军队提供了强大的监视能力,保证了英国的安全,如图 24-4 所示。该系统还为英国的 SkySaber 防空系统提供了至关重要的战场情报。2019 年 3 月,"长颈鹿"灵敏多波束雷达系统在英国政府赞助的反无人

图 24-4 Giraffe AMB Radar 系统为英国
提供空中监视

机试验 Bristow15 中也表现良好,尽管有数百只鸟类和复杂的海地杂波背景,该雷达仍能对超过 100 架的小至0.001 m² 的雷达横截面进行检测、分类和低速跟踪。

第二十五章　土耳其阿塞尔桑公司

阿塞尔桑(Aselsan)[1]公司于1975年成立,是目前土耳其军工企业中为数不多研发范围覆盖海陆空的企业。该公司总部位于土耳其首都安卡拉,主要业务是为陆海空三军研究、开发和制造先进的武器装备。该公司是土耳其军队的主要承包商之一,同时也是土耳其最大的电子防御公司之一,公司产品包括通信技术、惯性导航系统、雷达、电子战设备、光电设备、航空电子设备、无人驾驶系统、海军武器系统、防空导弹系统、指挥控制系统等。如今,阿塞尔桑公司通过与当地合作伙伴的各种合作模式投资国际市场,并被列为世界前100强防务公司之一。在反无人机研究领域,阿塞尔桑的代表产品为iHTAR反无人机系统。

iHTAR 反无人机系统

(一) 系统基本情况

iHTAR反无人机系统[2]是由土耳其国防工业主席团和土耳其武装部队合作设计的一个模块化系统,旨在解决环境中的微型无人机威胁,保护民用基础设施(如机场)或为作战行动保驾护航,如图25-1所示。iHTAR反无人机系统的核心元件是一个安装在桅杆上的传感器套件,包括两个雷达和一个光电系统:主雷达被命名为

图 25-1　iHTAR 反无人机系统

ACAR,用于探测和分类侵入的无人机,可进行360°监控,能够追踪单个或群体无人机目标,虚警率低。在测向雷达支持下,还可以定位无人机操作员,以便实行逮捕。该系统内置的光电系统带有热成像和可见光,能够全天时工作。射频干扰机系统中特别设计的天线模式能创建半球形保护伞,覆盖整个干扰频段。除此以外,该系统的射频干扰机系统新开发的声学测向仪通过一系列算法和机器学习能力,能更好地根据无人机声音对其分类,可用于空旷区域的情景感知。iHTAR反无人机系统构成如图25-2所示。

1　来源于阿塞尔桑公司官网,https://www.aselsan.com.tr/en。

2　IHTAR - ASELSAN,https://www.aselsan.com.tr/en/savunma/product/2324/ihtar。

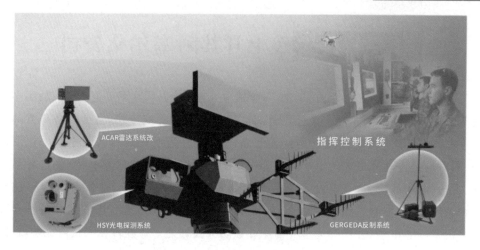

ACAR雷达系统改

指挥控制系统

HSY光电探测系统

GERGEDA反制系统

图 25-2　iHTAR 反无人机系统构成

(二) 性能参数及特点

iHTAR 反无人机系统可以进行系统组网,提供大面积的覆盖,并可以兼顾软硬杀伤。软杀伤可以由定向或全向干扰系统提供。硬杀伤选择高能激光或配备 40 mm 自动榴弹,发射可编程空气爆破弹药。iHTAR 反无人机系统的激光系统一般作为固定系统,包括稳定头、激光和电源等,激光功率可以自定义。iHTAR 反无人机系统的性能参数见表 25-1 所列。

表 25-1　iHTAR 反无人机系统性能参数

组　件	性能特点
ACAR 雷达	具有脉冲压缩的地面监视固态脉冲多普勒雷达
	工作在 Ku(12.5～18 GHz)波段
	360°连续或特定扇区扫描,扇形宽度可调
	多目标和自动目标跟踪,在监视模式下具有边扫描边跟踪(Track - while - scan, TWS)的能力
	探测范围 5 km,取决于目标无人机的雷达截面(在 5 km 可以探测到雷达截面为 0.5 m 的微型无人机)
	RCS(Radar Cross Section,雷达散射截面):0.5 m^2,10°瞬时仰角覆盖

组 件	性能特点
HSY 光电系统	方位角:360°连续扫描
	仰角:-30~30°
	稳定:<80 μrd
	红外探测器:冷启动,波长 3~5 μm
GERGEDAN 反制系统	基于 dos 的 FBGA 控制扫频干扰
	全向 360°保护或定向天线
	电源:220 V/电池
	重量:<60 kg
	工作时长:24h/7d/220V 1h/电池
	电场(SAR):兼容 w/ICNIRP 标准
测向仪范围	10 km 内定位无人机操作员
软杀伤的干扰频段	无线电控制设备、无线电、GPS/GLONASS 接收器、Wi-Fi、ISM 频段、GSM900/1800 以及 3G 和 4G 频段
干扰模式	定向性和全向型——桅杆上的用于针对性击落一个目标,全向干扰机用于在发射器周围形成一个射频干扰圆顶
硬杀伤武器	40 mm 自动榴弹发射器的远程武器站,碎片可在无人机后部产生较小的碎片爆炸
	典型射程在 3~400 m
	最大有效射程在 150 m
	伤害半径 15 m
	炮口初速为 240 m/s
	高爆破片弹头 1 100 个破片

(三)典型作战案例

iHTAR 反无人机系统主要解决军事和机场附近以及城市中商用无人机带来的安全威胁。土耳其军队曾在该国东南部遭到库尔德人民保护部队和库尔德斯坦工人党叛乱分子的多次无人机袭击,此后两周内,土耳其军队用 iHTAR 反无人机系统挫败了 12 起无人机袭击。图 25 - 3 所示为 iHTAR 反无人机系统作战示意图。

图 25 - 3 iHTAR 反无人机系统作战示意图

第四篇
俄罗斯典型反无人机装备和产品

不同于其他国家和地区,俄罗斯的反无人机作战装备主要依托军队进行开发。俄军高层高度重视反无人机力量建设,俄军总参谋长格拉西莫夫曾多次在公开场合表示:"无论是现代战争实践,还是现实安全威胁,俄军必须加快反无人机力量建设步伐,这是'混合战争'中不可或缺的要素。"因此,俄罗斯在遂行"新面貌"军事改革中,由国防部牵头"时代"军事创新科技园与多家军工企业,依靠在防空武器系统方面的深厚积淀,通过不断升级改造现役武器装备与研发列装新式装备相结合的方式,针对欧美等敌对势力全面提升反无人机作战能力。目前俄罗斯已在大部分军区组建了专门的反无人机部队,结合战场实践,形成了兼顾传统防空反导和反无人、火力摧毁与电子干扰相互补充的无人机反制装备体系。

由于俄罗斯反无人机装备多为军用防空反导装备的改型拓展,为了便于区分功能,本篇将按照武器装备作用类型进行分类介绍,主要包括雷达探测系统、防空导弹、电子战系统、激光武器 4 个方面。

第二十六章　反无人机雷达探测系统

俄罗斯横跨亚欧两大洲,幅员辽阔,为制衡北约东扩和西方威胁,贯彻"巩固国防"的总体政策,其无人机侦查探测多采用机动式的雷达系统,主要包括"帮会 2 - 2"低空探测雷达和 PY12M7 型反无人机侦察指挥车。车载系统的高机动性与低空雷达的大范围侦查特点都极大地增强了俄罗斯应对敌对势力无人机侵入渗透的能力。

"帮会 2 - 2"低空探测雷达

(一)系统基本情况

"帮会 2 - 2"低空探测雷达是全俄无线电工程研究院研发的机动式米波三坐标雷达,主要用于空域监视、坐标确认和空中目标识别,可探测固定翼飞机、直升机以及巡航导弹、无人机等低空、超低空目标,为防空系统、空军等提供弹道特征、位置、运动参数的目标信息。该系统部署于 3 台越野车中,可快速实现阵地转移,有效提升在战场对抗中的存活率,如图 26 - 1 所示。

(二) 性能参数及特点

"帮会 2 - 2"低空探测雷达系统采用模块化设计,系统组件包括发射模块、数据处理和自动化模块以及电源,分别部署于 3 台 KA-MAZ - 4310 越野车中,可在 20 min 内完成部署或转移,也可作为集装箱式变体使用,安装于桅杆上拓展探测距离,如图 26 - 2 所示。

图 26 - 1 "帮会 2 - 2"低空探测雷达

图 26 - 2 "帮会 2 - 2"低空探测雷达及防空武器自动化系统

该系统发射模块包括一个固态发射器、一座高 14 m 的天线塔、一个长 50 m 的可移动天线桅杆,天线是双曲率抛物面型,带有馈电喇叭和旁瓣抑制。该雷达设备能在 150 km 范围内进行全向监视,仅依靠天线塔就能够发现 41 km 范围内、高度 100 m 左右的无人机等小型隐蔽目标,架设天线桅杆后探测半径将延长至 55 km。该系统可在敌方电磁干扰下进行正常的搜索,可以在建筑群、褶皱地形等易反射环境下发现并监视空域内的无人机,还可确定无人机的垂直高度、水平距离、航迹等价值信息。

数据处理和自动化模块包括数字数据处理、集成功能测试和游击防空自动化系统等。其中,自动化系统可实现对目标的自动搜索,并自行对目标进行锁定、定位、打击,从而减少反无人机作战反应时间,提高反无人机作战效率。该模块还配备了远程控制杆,可在雷达天线模块 300 m 外进行远程控制。"帮会 2 - 2"低空探测雷达性能参数见表 26 - 1 所列。

表 26 - 1 "帮会 2 - 2"低空探测雷达关键性能参数[1]

性能指标	参　数
长度×宽度	3.4 m×2.2 m
高度	14 m(天线塔) 50 m(天线桅杆)
重量	1 742 kg
功率	1 kW(雷达功率) 23 kW(电源功率)
雷达	双曲率抛物面型天线; 固态发射机; 水平极化
工作频率	300 MHz~3 GHz
探测范围	5~150 km(极限探测范围) <41 km(高度 100 m、2 m^2 RCS 目标,14 m 天线塔) <45 km(高度 100 m、2 m^2 RCS 目标,50 m 天线桅杆) <95 km(高度 1 000 m、2 m^2 RCS 目标,14 m 天线塔) <105 km(高度 1 000 m、2 m^2 RCS 目标,50m 天线桅杆)
方位覆盖范围	360°
俯仰覆盖范围	0°~25°
探测高度	<6 000 m
目标容量	50
方位精度	0.66°
杂波抑制	53 dB
架设时间	20 min
撤收时间	20 min

1　Kasta - 2E2 surveillance radar[DB/OL],Russian Federation:C4ISR & Mission Systems:Land,2016 - 8 - 30。

（三）典型作战案例

在叙利亚战争中,俄军发现在丘陵地形中的无人机及制导导弹可躲过机动性较差的雷达探测,因此俄罗斯对雷达的机动性和低空侦察能力进行了针对性改进,"帮会2-2"低空探测雷达应运而生。该雷达系统主要针对低空和超低空飞行的飞行器,能在建筑物密集、气象条件复杂的情况下发现无人机、巡航导弹等小型目标。2019年俄军雷达兵已经组建了配备"帮会2-2"低空探测雷达及防空武器自动化系统的"游击队",并开始在南部军区执行战备值班。此外,据媒体信息披露,该系统还列装阿尔及利亚、伊朗和越南的武装部队,并曾在叙利亚战场中现身,推测其主要用于对抗以色列和土耳其的无人机袭击。

PY12M7 型反无人机侦察指挥车

（一）系统基本情况

PY12M7 型反无人机侦察指挥车是由俄罗斯无线电工厂公司研发的,集侦察、定位、追踪功能于一体的多功能无人机探测系统。该系统平台由轮式装甲车改装而成,车辆内部包括自动控制、通信、电源、生命保障等多个子系统,采用"雷达侦测＋无线电传感"的手段,可同时对多个无人机目标进行定位追踪,如图26-3所示。

图 26-3　PY12M7 型反无人机侦察指挥车

（二）性能参数及特点

PY12M7 型反无人机侦察指挥车由 BRT-80 轮式装甲车改装而成,仅需 1～2 名操作员即可完成无人机目标侦察任务,可同时对 120 个空中目标进行跟踪,单车侦察距离 25 km。此外,该系统可多平台联合侦察,最大联合侦察距离可达 200 km,最大侦察高度可达 50 km,最大通信距离可达 40 km。目前该系统仅能实施定位追踪,可通过雷达侦察配合使用无线电扫描,将探测区域的目标信号弱点放大,获取无人机位置及坐标信息,为地面防空作战单位提供火力指引。若装配单兵防空导弹和截击机,该系统也可直接对无人机目标实施火力打击。

（三）典型用途

PY12M7 型反无人机侦察指挥车主要用于指挥防空兵（雷达兵、高射炮兵、防空导弹兵）团级以下作战单位及航空兵战机，实施区域协同部署和中近距离反无人机作战。

第二十七章 反无人机防空导弹系统

俄罗斯武装力量前总参谋长尤里巴卢耶夫斯基大将表示,现有的所有防空导弹用于反制无人机都过于昂贵。面对日益加剧的无人机袭击,俄罗斯结合低空无人机目标特性,改进原有重型导弹武器,研制轻量型同类导弹,用于配装近程防空导弹系统。目前已经投入应用的包括9K35"箭-10""道尔-M2""柳树"等多型硬摧毁防空导弹。同时,俄罗斯著名的传统防空导弹系统"铠甲-S1"重新开发,旨在成为击败小型无人机的专用导弹,并预计在2023—2024年之间投入生产,该导弹的最大射程为5~7 km,最多可在铠甲炮塔上安装48枚。

"箭-10"M4/MN 防空导弹系统

(一) 系统基本情况

"箭-10"系列防空导弹系统研制始于苏联时期,是一种全天候机动式近程防空导弹系统,北约称之为SA-13,如图27-1所示。该系统安装在履带式装甲车上,主要用于应对飞机、直升机、精确制导武器和无人飞行器等低空目标。经过数十年改型升级,"箭-10"系列防空导弹系统已形成一个庞大的家族体系,包括"箭-10"M、"箭-

图27-1 "箭-10"防空导弹系统

10"M2、"箭-10"M3以及"箭-10"M4和"箭-10"MN。其中"箭-10"M4为2010年研发的最新型号,重点强化了针对无人机和巡航导弹的寻的追踪能力;"箭-10"MN在"箭-10"M4的基础上进一步强化了夜间作战能力,可装备9M333防空导弹,具备在电磁干扰状态下对低空飞机、直升机、无人机和巡航导弹进行全时打击的能力。

(二) 性能参数及特点

"箭-10"M4/MN防空导弹系统主要包括"箭-10"M4/MN防空导弹平台及搭载的9M37M及9M333防空导弹。

"箭-10"M4/MN防空导弹系统由一辆9A35M4指挥车和三辆9A34M4发射车组成。每台发射车均有4枚待发弹和4枚待装弹。发射车具有较高的自动化水平,仅需1人操纵。整个系统装备了Azovsky L-136MAK-F红外搜索和跟踪系统,能全天时以被动方式在10~15 km范围内捕获目标。同时还配备了9S86"快照"相干脉冲多普勒毫米波段测距雷达及 9S16 无源雷达探测系统,提供 360°方位覆盖范围和最小 40°的俯仰覆盖范围,探测距离达到 10 km。相较于早期的"箭-10"M3 平台,"箭-10"M4 还增加了新的夜视系统和自动目标捕获、跟踪装置,进一步强化了夜间和恶劣天气条件下拦截小型目标,如无人机和巡航导弹的作战能力。

9M37M 配备了被动可见光学制导和红外制导,9M333 在 9M37M 的基础上进一步增加了无源制导,可用于攻击电磁干扰源。此外,9M333 还增加了自动导航仪、红外背景抑制处理技术以及八波瓣激光近炸引信,进一步强化了在电磁干扰条件下对无人机等小目标的打击能力。9M37M 和 9M333 关键性能参数见表 27-1 所列。

表 27-1 9M37M 和 9M333 关键性能参数 [1]

性能指标		9M37M	9M333
射程		0.8~5 km	0.8~5 km
射高		25 m~3 km	10 m~3.5 km
制导方式		双通道:被动光学图像对比/红外制导	三通道:被动光学图像对比/红外制导/无源制导
尺寸大小	弹长	2.19 m	2.223 m
	弹径	120 mm	120 mm
	翼展	360 mm	360 mm
导弹重量		41 kg	41 kg
引信		触发/主动氙气管近炸引信	触发/主动氙气管近炸引信+主动激光引信
战斗部重量		3 kg	5 kg 高能破片战斗部

(三)部队列装情况

"箭-10"系列防空导弹系统自诞生以来就成了苏联/俄罗斯主要出口军备之一,频繁出现在科索沃、阿富汗等各大局部战争中,但最新型号"箭-10"M4/MN 从未出口。目前"箭-10"系列防空导弹系统俄军装备约 500 套,其中近 400 套在陆军防空部队服役。2010 年后,"箭-10"M4/MN 防空导弹系统开始陆续列装俄空降兵部队,替换老式的"箭-10"系统,未来其将成为俄军近程防空装备中"绝对主力"。

---

1 9K35 Strela-10[DB/OL],Russian Federation:Land Warfare Platforms:Artillery & Air Defence,2015-5-20。

"道尔－M2"防空导弹系统

（一）系统基本情况

"道尔－M2"防空导弹系统是由俄罗斯阿尔玛兹—安泰设计局研制，库波尔机电厂（隶属俄罗斯阿尔玛兹—安泰集团）生产的全天候、机动式、垂直发射的自动化近程防空导弹系统，可对中低空固定翼飞机、直升机、无人机、巡航导弹甚至短程弹道导弹进行全天候拦截，2013 年首次列装俄军。该系统将导弹、雷达、制导站集中在一辆自行式履带装甲车上，搭载搜索雷达、光电瞄准、热成像探测系统及 9M338 导弹，射程 12 km，射高 10 km，可以监测所在空域内的可疑目标动向，并自动击落所有未被敌我系统识别的空中目标，升级后的雷达可以探测隐身飞机和小型目标。

（二）性能参数及特点

"道尔－M2"防空导弹系统前身为俄军 1991 年开始列装的"道尔－M1"，系世界上首款将拦截中低空巡航导弹融入设计中的防空导弹。"道尔－M2"防空导弹系统在"道尔－M1"的基础上大幅提高近程探测和快速反应能力，并改进和升级诸多的型号以应用于不同的作战场景，常见的型号有"道尔－M2""道尔－M2KM""道尔－M2U"和用于北极作战的"道尔－M2DT"等。图 27－2 所示为野战型"道尔－M1"防空导弹系统。

图 27－2　野战型"道尔－M1"防空导弹系统

从总体构成上看，整个道尔导弹系统战车分成两大部分，一部分是导弹与雷达天线等的组合，一部分是装甲战车底盘（含制导站显示与控制台）。作战装备的主体部分包括目标搜索雷达和制导站的天线部分以及导弹模块、光学瞄准设备组，这些组件构成了一个结构紧凑的转塔式整体，可 360°转动，其他显示控制台等设备、设施则位于战车底盘里。

目标搜索雷达用于战车行进或停止期间，对给定空间进行圆周搜索、探测、跟踪，测量空中目标的方位角、高低角和距离坐标，并与敌我识别器配合识别已发现目标，可同时跟踪多个目标航迹和干扰源，自行分析判断敌空中目标的威胁程度，并按危险程度进行排序，为制导雷达提供目标指示信息。

制导站配备相控阵雷达用于补充搜索和自动跟踪，可同时引导 4 枚导弹拦截 4 个空中目标。光学瞄准系统用于气象能见距离条件下，观测追踪空中目标，为导弹提供独立的目标指引。此外，"道尔－M2"防空导弹系统装载有新型矩形 3D 目标探测雷达与低热成像特征探测的新热成像设备,可探测 RCS 小于 0.05 m² 的低空目标,大幅提高对低空、超低空目标的跟踪能力。

"道尔-M2"防空导弹系统使用了新的 9M338 导弹,每辆发射车的搭载量由"道尔-M1"的 8 枚升级至 16 枚,最大射程 16 km,最大飞行速度 850 m/s,既能拦截飞行高度为 10 m 的超低空目标,也能拦截高度 10 000 m 的高空目标。该导弹主要用在复杂的野战电磁环境下,消灭从中低空来袭的各种固定翼战机、武装直升机、巡航导弹、反辐射导弹及制导炸弹等精确制导武器,帮助保护友军高价值目标。

此外,"道尔-M2"防空导弹系统是全世界唯一能在行进中发射导弹的近程防空系统,如图 27-3 所示。在过去,防空导弹车必须先短暂停车,而后才能向目标开火。现在,"道尔-M2"防空导弹系统可以在保持时速 25 km/s 的移动状态下完成发射任务,生存能力大幅强化。"道尔-M2"防空导弹系统的具体参数见表 27-2 所列,其中"道尔-M2U"为最新型号,目前详细性能尚未公布。

图 27-3 "道尔-M2"防空导弹系统垂发防空导弹瞬间

表 27-2 "道尔-M2"和"道尔-M2KM"防空导弹系统关键性能参数表[1]

性能指标	"道尔-M2"	"道尔-M2KM"
可拦截最大目标速度	700 m/s	700 m/s
索敌距离	32 km	32 km
索敌仰角	0～32°/32～64°	0～32°/32～64°
最大探测目标数	/	48
最小打击距离	1 km	1 km
最大打击距离	12 km	15 km
最小打击高度	10 m	10 m
最大打击高度	10 m	10 m
响应时间	5～6 s	5～6 s
战斗部	15 kg	15 kg

(三)用途和典型案例

"道尔-M2"防空导弹系统具有警戒、指挥与控制、导弹制导与发射等众多功能,既可以独立作战,也可以和连接的其他发射车协同作战,还可在低空、超低空和近程区域内拦截多种非隐身与隐身空袭目标,如固定翼飞机、直升机、无人机以及巡航导弹、空地导弹、反辐射导弹、精确制导炸弹等。主要用于保护陆地作战部队和一些重要目标免遭敌人空袭,其性能在同类系统中是出类拔萃的。

---

1 Tor[DB/OL],Russian Federation:Land Warfare Platforms:Artillery & Air Defence,2016-6-8.

"道尔－M2"防空导弹系统于 2013 年 10 月底成功进行了测试,并于 2019 年年底首次列装于俄加里宁格勒州导弹团,目前已经列装俄军北方舰队、西部军区等多个防空部队,如图 27－4 所示。自俄乌爆发冲突以来,部署在卢甘斯克州的俄军防空系统一直在有效地执行着对责任区范围内空域的防御任

图 27－4 俄北方舰队防空部队装备
的"道尔－M2DT"防空导弹系统

务,其中俄制"道尔－M2"防空导弹系统在全天候拦截乌军无人机、固定翼飞机和直升机方面发挥着重要作用。据报道,"道尔－M2"已成功击落了 100 多个空中目标,主要以无人机为主,其中就包括土耳其制造的TB－2查打一体无人机。

"柳树"便携式防空导弹系统

(一) 系统基本情况

"柳树"便携式防空导弹系统[1]是由俄罗斯科洛姆纳机械工程设计局所研制及生产的第四代肩扛式红外线导引的地对空导弹系统(Surface－to－Air Missile,SAM),由原"针"式便携式防空导弹系统现代化改进升级而成,如图 27－5 所示。该系统主要特点是配备最新的多波段高灵敏制导弹头,抗红外干扰能力较上一代提高 10 倍,发现小型目标的距离是俄军其他便携式防空导弹

图 27－5 "柳树"便携式防空导弹系统

的 2.5 倍,导弹射程超过 6 km,最大射高 4 km,不仅能摧毁中小型无人机,还可打击固定翼飞机、直升机和巡航导弹。

(二) 性能参数及特点

"柳树"便携式防空导弹系统的重量为 17.25 kg,装备 9M336 地对空导弹,具备极强的抗干扰能力,该弹外形为钝头细长圆柱体,头部接近半球形,弹身为圆柱体,由 4 个舱段组成,从前向后依次为:导引头舱、舵机舱、引信舱、战斗部舱和动力装置,尾部向内收缩呈"船尾"状,弹身前部的舵机舱上装有两对活动舵面,主发动机喷管外围的尾翼座上装有两对梯形尾翼,构成"×－×"形的鸭式气动布局,如图 27－6 所

---

1 9M333 Guided Anti-Air Missile, https://en. kalashnikovgroup. ru/catalog/raketno-artilleriyskoe-vooruzhenie/sredstva-protivovozdushnoy-oborony/zur-9m333。

示。该导弹战斗部为 2.5 kg 高爆破片弹头,配备了 LOMO 被动式三通道光学导引头,其探测器可在紫外线、近红外和中红外 3 个波段内运作,灵敏度相比"针-S"提高了两倍,能够发现无人机这类低热辐射目标。其相互交错式传感器不仅可以帮助导弹在恶劣天气或者夜间作战,同时也可以更好地区分实际目标和红外诱饵,并降低因反制手段而制导中断的可能性。其性能参数见表 27-3 所列。

图 27-6 柳树"便携式防空导弹

表 27-3 "柳树"便携式防空导弹系统性能参数[1]

性能指标	"柳树"便携式防空导弹
尺寸	2 296 mm×320 mm×300 mm
重量	17.25 kg
可拦截最大目标速度	500 m/s
最小打击距离	500 m
最大打击距离	6.5 km
最小打击高度	10 m
最大打击高度	4.5 km
响应时间	8~12 s
战斗部	2.5 kg 高爆破片弹头

"柳树"便携式防空导弹系统的垂直打击范围为 10~4 500 m,水平打击范围为 500~6 500 m,它不仅能摧毁中小型无人机,还可打击战机和直升机。整个系统具备较高的自动化水平,可以识别多个空中单位,同时具备敌我识别能力,能够分析敌方飞行器的运动轨迹,并凭借强大的动力系统对目标进行追踪打击。系统战斗准备时间不超过 12 s,单兵即可操作完成,使用者进行瞄准发射后便可以撤离战场或进行隐蔽,后续工作完全可以交由导弹自行处理。此外,该系统还配备了 Mowgli-2 热成像观瞄仪、"手风琴"全天候探测雷达以及侦察和控制模块,操作员利用侦查模块发现距离 40 km 外的空中目标,必要时还可以从自动化控制系统或其他雷达处接收目标信息。

为了适应各种战斗情形,"柳树"便携式防空导弹系统不仅可以作为单兵防空武器,还可以搭载在车辆底盘以及武装直升机和小型舰艇上,成为廉价而高效的反无人机防空系统。

(三) 部队列装情况

2011 年,"柳树"便携式防空导弹系统通过国家试验并首先装备俄罗斯空降军伊

1　Verba[DB/OL],Russian Federation:Land Warfare Platforms:Artillery & Air Defence,2016-8-30,报告号:1554971。

凡诺沃部队。在 2014—2015 年两年时间内,有 4 支空降军部队获发配"柳树"。科洛姆纳机械工程设计局也与俄罗斯国防部签署了长期合同,开始生产并为国防部供应"柳树"便携式防空导弹系统。2015 年后"柳树"正式投入俄军服役,在当时,科洛姆纳机械设计局为俄军配备了 3 个旅和 2 个师的数量的"柳树"便携式防空导弹系统。截至 2018 年 4 月,交付量达到 801 套,有消息称该系统曾在大马士革地区成功击落武装分子的无人机。

"铠甲-S1"防空系统

(一) 系统基本情况

图 27-7 "铠甲-S1"防空系统

"铠甲-S1"(Pantsir-S1)防空系统[1] 由苏联通古斯卡 2K22 弹炮合一系统发展而来,该系统可为己方的地面部队提供全天候的防空力量,也可用于打击低空飞行直升机或反步兵等用途,如图 27-7 所示。2006 年 6 月,该系统进行实弹测试成功,并在随后的 2008 年、2009 年等年份交付给国际和国内订购部门使用。俄罗斯军方公布"铠甲-S1"防空系统搭配的导弹拥有 1 枚火箭,击中目标的概率不低于 0.7,大体在 70%～90% 的杀伤率区间,反应时间为 4～6 s。"铠甲-S1"防空系统通过导弹和机炮两种武器的配合使用,互相补充,取长补短,从而使整个系统杀伤范围更宽广、更灵活、更通用,这也一直是俄式武器的特色之一。

(二) 性能参数及特点

"铠甲-S1"防空系统的主要杀手锏是雷达光学控制系统和武器系统,其中武器系统包括能安装 12 枚地对空导弹的导弹发射架和两门 2A38M 30 mm 自动机炮,导弹发射架上采用多种不同的导弹配置,如图 27-8 所示。俄罗斯自用的是 95YA6 系列和 23YA6 系列导弹,出口到国外的则是 57E6 和 57E6-E 地空导弹,这些导弹基本上都是衍生自二级串联的 9M311 防空导弹。以出口型的 57E6 导弹为例,弹体由助推器和主体构成,长 3.2 m、直径 170 mm、重 90 kg。在点火发射的时候,助推器点火将 57E6 导弹推离发射筒,并在 1.5 s 内快速加速到 1 220 m/s,增强型的 57E6-E 还加装了燃烧增强器,可以把导弹的最高速度提升到 1 300 m/s。在将导弹速度加

1　来源于《详解铠甲-S1 弹炮合一防空系统,中东战场一战成名》,https://baijiahao.baidu.com/s? id=1722546056227509071。

速到极速并送到合适的高度之后,助推器就会脱离,几乎同一时间导弹的第二级火箭点火,通过无线电链路或者光学控制与系统进行数据交换实现制导完成最后的机动拦截。

"铠甲-S1"防空系统弹头为聚能装药模式的高爆弹头,如图 27-9 所示,总重量为 20 kg,内部包含了 47 根直径 5 mm、长度 770 mm 的炸药棒。在爆炸的时候会产生 700 多个 2.8 g 的破片和大约 2 300 片 0.9 g 的破片,最大杀伤半径可以达到 9 m,在 6 m 的杀伤半径内可以彻底摧毁来袭目标,引信采用碰炸和近炸模式,即使没有命中来袭的目标,也可以通过爆炸产生的破片毁伤目标。"铠甲-S1"防空系统可以实现1 300 m/s 的最大速度,射程最大为 20 km,最高可攻击位于 15 000 m 高的空中目标,最近作战距离为 1.5 km。该系统在密封的准备发射容器管中携带 12 枚地对空导弹,在炮塔上排列成两个六管组,在日常储存的时候,安装在发射容器管的这 12 枚导弹的存储寿命为 15 年。"铠甲-S1"防空系统除了导弹之外,还额外配备了两门 2A38M 双管 30 mm 防空火炮,在后续的升级版本中还升级为GSh-6-30K/AO-18KD 30 mm 六管旋转机炮增加火力输出。

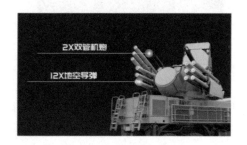

图 27-8 "铠甲-S1"防空系统所装配的武器系统   图 27-9 "铠甲-S1"防空系统配备的高爆弹头

"铠甲-S1"机炮总备弹 1 400 发,有效射程 0.2~4 km,射高 3 km,机炮最大射速为 2 500 发每分钟,并具有攻击地面目标的辅助能力。

在火控系统和探测系统方面,"铠甲-S1"防空系统采用有源相控阵目标搜索与跟踪雷达作为火控的核心装备,通过雷达和光电系统两套独立引导设备,实现自动化火炮和无线电指令制导导弹互相配合完成对空防御任务,如图 27-10 所示。其固态搜索雷达可以在 32~36 km 的范围内跟踪 20 个战术飞机大小的目标,并通过其高频交战雷达

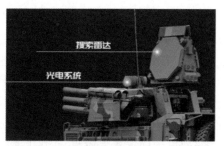

图 27-10 "铠甲-S1"防空系统所配置的
搜索雷达和光电系统

或热成像传感器选择目标,火控系统能实现与最远 20 km、高度 10 km 的战术飞机,最远 12 km、高度 6 km 的亚音速巡航导弹和最远 7 km、高度 6 km 的高速空对地导

弹交战[1]。

（三）典型作战案例

"铠甲-S1"防空系统已经较为广泛的应用于战场,如图 27 - 11 所示。例如在 2017 年年底发生的土制无人机集群攻击事件中,"铠甲-S1"防空系统共击落三枚火箭弹、两个侦查气球、一个煤气桶改装的迫击炮弹、三架以色列苍鹭无人机、美国 RQ - 21 无人机、土耳其国产无人机、一架民用改装无人机、六架土制无人机等所有攻击目标,

图 27 - 11 "铠甲-S1"防空系统参与作战

表现相当抢眼。2020 年 1 月 22 日,俄军黑海舰队举行反无人机演习,演习中"铠甲-S1"防空系统班组摧毁了假想敌无人机,挫败了敌军对克里米亚半岛 S - 400 防空系统的攻击。2020 年 3 月在叙利亚西北部地区,土耳其无人机使用 MAM - C 导弹击中了叙利亚政府军的两套"铠甲-S1"防空系统,不过这次击毁是在叙利亚没有良好的反制条件下实现的。

1　Kortik/Pantsir - S1 (SA - N - 11 'Grison')〔DB/OL〕,Russian Federation:Weapons:Strategic,2013 - 07 - 18,报告号:1316584。

第二十八章　反无人机电子战系统

　　俄罗斯是世界上最早发展电子技术装备的国家,在 2008 年格鲁吉亚冲突后,俄罗斯军队组建了最早的电子战部队,并且将电子战作为反无人机的主要手段之一,发展了包括 P 系列、"定"系列、SR 系列、GKV 系列等通信、雷达电子战装备及光电、无线电引信对抗设备,其中比较典型的反无人机电子战设备包括"蔷薇"电子战系统、"驱蚊剂"电子战系统、"汽车场"电子战系统等。

"驱蚊剂"电子战系统

(一) 系统基本情况

　　"驱蚊剂"电子战系统(Repellent-1)是俄罗斯电子战科技中心研发的机动型反微型无人机电子战平台,该系统主要用于干扰微型无人机的遥控及卫星导航通信链路,目前已经在叙利亚战场上成功保护了驻叙俄军基地免遭自杀式无人机的袭扰。

(二) 性能参数及特点

　　"驱蚊剂"电子战系统重达 20 t,可安装在军用卡车和汽车上使用,如图 28-1 所示。"驱蚊剂"电子战系统的无线电侦测装置具有很高的灵敏度,能在相距约 35 km 时发现微型无人机的遥控信号,此外还装配了光学探测装备进行辅助观测。当微型无人机飞到约 30 km 外时,"驱蚊剂"电子战系统可对其卫星导航通信频道实施干扰;干扰模式包括大范围

图 28-1　"驱蚊剂"电子战系统

的拦阻式干扰和有明确目标的瞄准式干扰,当敌方无人机的遥控通信频道彻底受到压制后,敌机便会行动失灵。

　　此外,"驱蚊剂"电子战系统还能用强大的干扰信号,使敌方无人机的地面控制台丧失电子操控能力,让微型飞行器因失去控制信号而无法执行任务。"驱蚊剂"电子战系统实施侦测、对目标进行全景式定位和实施干扰的总工作频段为 200～6 000 MHz,开展不间断定位和干扰的时间可超过 24 h。正常工作温度为 −40～50 ℃,可以为在北极地区的严寒和大风环境下执行任务提供保障。经过合理配置的"驱蚊剂"电子战系统可以保护整座军事基地和飞机场免受敌微型无人集群的骚扰。

"汽车场"电子战系统

(一) 系统基本情况

"汽车场"电子战系统是利用装载雷达、电子干扰设备、维修设备的数十辆汽车和指挥中心组成的地面移动式电子战系统,主要用于保护地面目标和小型目标免遭敌机轰炸或导弹进攻,而且能同时压制来自任意方向、飞行高度在 30~30 000 m 之间的 50 架飞机和直升机的侧视雷达、引导雷达、低空飞行保障雷达及空对地火控雷达。由于该系统使用的车辆较多,在战场部署时的整体结构与"汽车场"类似,因此得名。

(二) 性能参数及特点

"汽车场"电子战系统初始概念的提出应该在 2001 年,2009 年完成了国家试验,2010 年开始批量生产并开始系统组装工作。一套完整的"汽车场"电子战系统包括[1]:1 个营级和 3 个连级自动化指挥所,3 个 1L-222 无线电技术侦察站,27 个 SPN-2、SPN-4 干扰车及 1 个检测维修站。"汽车场"电子战系统的工作原理是利用雷达搜索空中目标,然后利用电子干扰设备向目标发射强电磁干扰,从而使空中目标因雷达致盲、航电操控系统失灵而坠毁。该系统的核心电子对抗组件为 SPN-2/4 移动干扰系统。图 28-2 所示为 SPN-2 移动干扰系统。

图 28-2 SPN-2 移动干扰系统(天线车)

SPN-2 移动干扰系统能够有效对抗机载脉冲侧视(SL)雷达、空对地火控控制(ASWC)雷达、导航和地形跟踪(TF)雷达及控制系统等,所有设备均集成在 URAL-4320 或 KamAZ-4310 军用轮式底盘上,通常配备 60 kW 发电量用于供电。SPN-2 移动干扰系统采用双波束输出,工作频率为 13.33~17.54 GHz,据称能够有效对抗频率捷变雷达和"慢载波调谐"雷达,可同时干扰两个机载脉冲侧视雷达或导航和地形跟踪或最多六个空对地火控控制雷达。在功能上,SPN-2 移动干扰系统可以作为一个独立单元或与其他电子干扰车组网运行。

---

1 Russian/Soviet/WarPac Ground Based ECM Systems,http://www.ausairpower.net/APA-REB-Systems.html。

SPN－2移动干扰系统工作频率在6～10 Hz,可自动搜索目标并辨识敌友和信号类型,测量其参数,之后对其进行优先级排序,并生成适当的输出,可在扫描、压制、模拟三种模式下工作。SPN－2/4移动干扰系统关键性能参数见表28－1所列。

表28－1　SPN－2/4移动干扰系统关键性能参数[1]

性能参数	SPN－2	SPN－4
工作频率	13.33～17.54 GHz	6～10 GHz
输出功率	1 100 W	1 250～2 500 W
干扰范围	70～80 km(识别); 130～150 km(探测)	30～50 km(导航和地形跟踪); 40～60 km(机载脉冲侧视雷达干扰); 80 km(识别); 150 km(探测)
作用高度	/	30 m～30 km
方位覆盖范围	360°	360°
俯仰覆盖范围	－7.5～78° 宽波束模式 －2.5～45° 窄波束模式	－7.5～78° 宽波束模式 －2.5～45° 窄波束模式
干扰带宽	/	6～19.2 MHz 点干扰; 230～240 MHz 带干扰
最大可干扰信号数	2 路多模雷达 6 路地形探测雷达 6 路火控雷达	2 路多模雷达 2 路地形探测雷达 6 路火控雷达
部署时间	/	20 min

(三) 用途和典型案例

早期我国第二炮兵电子对抗团曾装备一套原装进口的"汽车场"电子战系统,该系统在2008年北京奥运会曾公开露面。中国网络电视台曾报道我国装备的"汽车场"电子战系统,如图28－3所示。

图28－3　中国网络电视台报道我国装备的"汽车场"电子战系统

1　SPN series radar jammers[DB/OL],Russian Federation:C4ISR & Mission Systems:Land,2015－12－15。

2011年,伊朗运用俄罗斯"汽车场"电子战系统对美军RQ-170"哨兵"进行电子干扰,成功截断加密程度较高的卫星数据链路,并植入虚假数据信息,致使无人机失联并迷航,最终伊朗对其成功实施诱捕。2014年,俄罗斯"汽车场"电子战系统在克里米亚对美军的一架MQ-5B无人机进行截获,进一步展示了该系统强大的反无人机作战能力。

"游隼-沙锥"反无人机系统

(一) 系统基本情况

"游隼-沙锥"[1](Sapsan-Bekas)是俄罗斯国家技术集团下属的自动装置公司(Avtomatika)研制的探测与对抗移动式反无人机系统,该系统以轮式车辆为载体,可快速拆卸和部署,如图28-4所示。"游隼-沙锥"反无人机系统在俄罗斯"军队-2019"国际军事技术论坛上首次被公布,它能检测到距离在10 km之内的无人机,跟踪其运动轨迹,并能通过抑制无人机的通信与控制工具使其在6 km的距离外丧失运行能力。

(二) 性能参数及特点

"游隼-沙锥"反无人机系统由无人机无线电技术探测与测向、主动无线电定位以及视频与光电跟踪和无线电干扰子系统组成,能够全天候监控空域,并使用视频与热成像工具识别空中物体。"游隼-沙锥"反无人机系统内部组成如图28-5所示。

图28-4 "游隼-沙锥"反无人机系统　　　图28-5 "游隼-沙锥"反无人机系统内部组成

该系统配备了有源和无源无人机探测装置,能够用可见光摄像机对最远8 km处

1　来源于自动装置公司官网,https://www.ao-avtomatika.ru/en/catalog/products/。

的小型无人机进行跟踪,或使用有源雷达跟踪最远 10 km 处的目标,使用电子情报系统跟踪最远 20 km 处的目标。"游隼-沙锥"反无人机系统能够在 400～6 000 MHz 的宽频率范围内在手动或自动模式下对抗无人机,其搭载的"射线"(Luch)无线电干扰子系统,可在 14 个频段同时发射影响无人机导航、控制与信息传输渠道的干扰,还能够干扰 30 km 内的无人机导航和控制信号,并将目标指派给其他电子战和防空武器。

"游隼-沙锥"反无人机系统可以按照"敌我"原则进行无人机分类,按照 3 个标准确定无人驾驶飞行器。首先,确定它的外形;其次,每种无人机型号都有其独特的无线电技术特性;最后,按照芯片编号,任何电子设备都装有含具体出厂号的芯片。假定"己方"无人机(警卫无人机、采访无人机)在某种设施上方或活动期间飞行。在得到它们的"己方"确认后,"游隼-沙锥"反无人机系统不会对它们有任何反应。但只要带有未经登记的序列号的"敌方"无人机出现,"游隼-沙锥"反无人机系统就会立刻发出警报信号,开始阻挡"不速之客"的操作渠道,制止它的飞行。其性能参数见表 28－2 所列。

表 28－2　"游隼-沙锥"反无人机系统关键性能参数

系统组件	性能指标	参　数
无线电探测系统	工作频率	400～6 000 MHz
	探测灵敏度	140 dBm/Hz
	测量动态范围	110 dB
	频率分辨率	8 Hz
雷达探测系统	方位覆盖范围	360°
	俯仰覆盖范围	0～70°
	探测高度	<4 000 m
	最大扫描速度	20°/s
	探测距离	3.6 km,0.02 m2RCS 目标; 7.2 km,0.2 m2RCS 目标
	速度探测范围	0～165 m/s
	定位精度	15 m
光电探测系统	最大探测距离	Orlan/Merlin 无人机:可见光 5.5 km,红外 7 km; Fantom 无人机:可见光 2.2 km,红外 4 km
	视场角	35.5～1.8°
	变焦	×8

系统组件	性能指标	参　　数
电子 干扰系统	工作频段	14
	干扰功率	100 W
	作用范围	4 km
	瞄准精度	3°

（三）应用情况

"游隼-沙锥"反无人机系统的军用版本已经在叙利亚通过试验，并开始供应给俄联邦警卫局、石油公司等相关机构。

REX 系列反无人机电磁枪

（一）系统基本情况

REX 系列反无人机电磁枪[1]是俄罗斯武器制造商扎拉航空集团[2]（ZALA Aero Company）研制的便携式反无人机武器，其首次亮相是在俄罗斯"陆军-2017"武器展上。该系统以利用多波段干扰机切断无人机与其操作员、通信载体和自主导航的功能来抵消威胁，可在相对较短的距离内击败小型无人机。目前公布的型号主要包括 REX-1 和 REX-2，如图 28-6、图 28-7 所示。

图 28-6 "东方 2018"演习
期间使用的 REX-1

图 28-7 在陆军 2019 年国防展上
展示的 REX-2 手持式反无人机系统

1　Gun drone jammer - REX - 2 - ZALA Aero - GPS，https：//www. aeroexpo. online/prod/zala - aero/product - 181291 - 63354. html。

2　ZALA Aero | Military Wiki | Fandom，https：//military - history. fandom. com/wiki/ZALA_Aero。

（二）性能参数及特点

　　REX 系列反无人机电磁枪主要包括可互换的全球定位干扰模块、准直式瞄准仪、GLONASS 导航系统、激光瞄准器、捆绑式频闪仪模块以及音频和视频记录器等，可以抑制 GPS、GLONASS、BDS 和 GALILEO 的信号，还可干扰移动通信以及 3G 和 EPS 信号。具体的工作原理就是 REX 电磁枪瞄准无人机以后，发射一束强功率的电磁脉冲干扰波，抑制并干扰 1 km 内的 SNS 信号和通信信号，使无人机的通信导航系统失灵，失去控制，然后降落地面。其搭载的频闪仪和激光器还可使无人机电光/红外传感器失效，因此具备较强的干扰和致盲能力。

　　REX 系列反无人机电磁枪重量轻，尺寸紧凑，REX－1 仅重 4.5 kg，长 70 cm，宽 16 cm，干扰波干扰的频段包括 900 MHz、2.4 GHz 和 5.2～5.8 GHz，作战半径 2 km，具有内置电池，可以在 −40～50 ℃ 的环境温度下连续工作 3 h。在外观上，REX 系列反无人机电磁枪还可以根据用户需求提供伪装式保护套安装服务，如图 28－8 所示。

图 28－8　REX－1 便携式反无人机系统安装伪装保护套

　　REX－2 进一步减轻了重量，仅为 3 kg，系统前端的两个无人机干扰吊舱分别同时工作在与 GNSS 相关的 2.4 GHz 和 5.8 GHz 频段，可选择的频率模块有：430 MHz、900 MHz、1.3 GHz、1.8 GHz 和 2.6 GHz。

（三）列装情况

　　俄罗斯军队通过在东部前沿部署以及为远征部队提供 REX－1 反无人机系统，来执行防空任务保护炮线或编队阵地。根据俄罗斯《观点报》的报道，2018 年 9 月俄军在赫梅米姆空军基地使用 REX－1 便携式反无人机电磁枪，有效应对了叙利亚反政府武装围攻，将多架无人机雷达及导航等电子设备烧穿，创造了 1 周内击落 50 架无人机袭击的纪录，展现出极强的反无人机作战能力。

“蔷薇”电子战系统

（一）系统基本情况

　　“蔷薇”电子战系统是俄罗斯“标准器”科研所研发的欺骗干扰型反无人机电子战装备。该系统主要采用无人机遥控数据链路大功率信号压制和模拟无人机遥控信号进行指令欺骗两种作战方式，干扰无人机战场活动，同时还能引导己方火力打击系统实施攻击。整个系统可装入一辆军用卡车，被运达有敌方无人机活动的战场后，几分钟就能做好战斗准备。

（二）性能参数及特点

"蔷薇"电子战系统能在其周围半径约 10 km 范围内从大量无线电信号中自动识别敌方无人机的遥控信号，然后根据信号的关键参数选择最合适的杂波干扰类型，用功率强大的干扰信号压制敌方无人机的遥控信号，使其无法完成任务。

"蔷薇"电子战系统还能分析无人机的遥控信号参数并对这种信号的编码进行模仿，向无人机发射大量假信号，使无人机行为混乱，例如出现航向错误或是按照假指令着陆。若无法欺骗无人机，该系统还会尽可能截获遥控信号，用运算能力强大的计算机破译其指令密码的密钥参数，得手后再阻断无人机与遥控台的联系，并用自身的遥控信号突破敌无人机的控制系统，攫取控制权。

此外，"蔷薇"电子战系统也可不对无人机实施任何干扰，只是搜索、追踪其遥控信号，确定敌方无人机地面遥控台的地理坐标，引导己方火力实施打击。据研发人员介绍，"蔷薇"电子战系统对遥控台的定位可以精确到厘米。

（三）典型用途

"蔷薇"电子战系统可压制包括 RQ‑4"全球鹰"、RQ‑5"猎人"、RQ‑7"影子"、RQ‑8"渡鸦"、RQ‑170"哨兵"等在内的多型无人机。

第二十九章 反无人机激光武器

相较于传统防空反导武器,激光武器是一种新型作战武器,拥有低成本、高精度等无可比拟的优势,因此一直是大国发展反无人装备技术的重点。俄罗斯的激光武器在苏联时期已有非常深厚的技术积累,2018 年俄罗斯公开宣布已有多型激光武器列装部队,其中就包括用于反无人机的"佩列斯韦特"(Peresvet)激光武器系统。2021 年,俄罗斯国防部副部长阿列克谢·克里沃鲁奇科表示:"除"佩列斯韦特"外,俄军正在推进建造其他反无人机、反光学和反光电设备的激光系统工程,并搭载于地面装甲平台。"

"佩列斯韦特"激光武器系统

(一)系统基本情况

"佩列斯韦特"激光武器系统是俄特种机械制造设计局(KBSM)研发的一款高功率激光武器,可打击空中和地面目标,其相关信息一直被高度保密。2018 年 3 月 1 日,俄总统普京在发表国情咨文时首次公布了俄新型激光武器"佩列斯韦特"的相关信息,并陆续展示其模拟作战动画视频。有专家推测,"佩列斯韦特"是一款战略激光武器,未来将应用于反导、反卫星作战任务。但俄罗斯国防部副部长鲍里索夫表示,目前"佩列斯韦特"激光武器系统更可能在应对紧迫的无人机威胁方面发挥作用。

(二)性能参数及特点

关于"佩列斯韦特"激光武器系统的相关参数信息目前透露较少,据已有信息推测,"佩列斯韦特"激光武器系统装载在 KamAZ652256×6 拖车与 ChMZAP-99903 半挂车上,整个系统集成在集装箱型的容器内,并安装了用于攻击的可旋转跟瞄装置,能够在远程操控下旋转 360°瞄准目标。该系统还需数台支援车辆,至少包括一辆指挥车,一辆供电车。2018 年 5 月,国防部副部长鲍里索夫透露,"佩雷斯韦特"激光武器系统正在进行现代化改进,未来的版本将更加紧凑,只需要更少的支援车辆。参考美国海军开发类似定位的激光武器系统 AN/SEQ-3Laser 和 XN-1LaWS 及俄特种机械制造设计局相关专利,其激光器类型可能为爆炸性泵浦碘激光器、光纤激光器阵列或碱金属激光器,功率输出超过 50 kW,能够对无人机、巡航导弹以及其他在低空飞行的空中目标进行软/硬杀伤。作战半径方面,据军事专家德米特里·科尔涅夫透露,"佩列斯韦特"激光武器系统可以致盲轨道高达 1500 km 的近地空间中的航天器,但目前尚未有官方公布数据。车载"佩列斯韦特"激光武器系统如图 29 – 1 所示。

图 29 – 1　车载"佩列斯韦特"激光武器系统

(三) 用途和列装情况

"佩列斯韦特"激光武器系统用途十分广泛,不仅可毁伤无人机、地面轻型装甲等目标,未来还可凭借其优良的攻击速度、抗电磁干扰性能,应用于反导、反卫星作战任务。

2018 年 12 月,俄罗斯国防部在脸书上发布了"佩列斯韦特"激光武器系统的视频,并声称其已经进入"实验性战斗任务",可以"有效地反击任何空袭,甚至在轨道上与卫星作战",这是俄军首次正式承认该系统具有反卫星能力。2020 年国防部部长谢尔盖·绍伊古透露"佩列斯韦特"激光武器系统已经列装俄空天军,并于 2019 年 12 月 1 日在 5 个导弹师投入使用,其中第 42 导弹师拥有最新型的亚尔斯洲际弹道导弹。据称"佩列斯韦特"激光武器系统主要用于干扰或破坏卫星及其传感器等,以有效提升洲际弹道导弹的战时生存能力。2021 年 11 月 16 日,俄罗斯在已停用的苏联卫星上对两款新型武器进行了火力和功能的测试,证明了它们摧毁航天器的能力,其中一款正是俄罗斯研制成功,并已列装俄空天军的新型战略激光武器——"佩列斯韦特"。从"佩列斯韦特"激光武器系统的部署进程来看,激光武器有望成为未来俄军各军兵种必备的主要武器装备系统之一。

第五篇
其他地区典型反无人机装备和产品

　　随着世界主要军事强国对反无人机装备的研制和发展,其他国家和地区也开始着手进行反无人机装备的研发,且经过近 10 年的建设发展,形成了各有千秋的局面。本篇以以色列、加拿大和澳大利亚为代表,梳理总结了这些国家反无人机装备的基本情况、性能参数、装备特点以及典型应用情况。

　　一直以来,以色列的国防工业、科技水平都比较发达,其反无人机装备也遥遥领先。根据搜集的以色列相关反无人机装备的信息,可以了解到以色列在反无人机装备的研制中注重对人工智能的应用,具体可参见以色列"无人机警卫""无人机穹"等反无人机系统。同时,对通用模块的开发与集成也是以色列当前反无人机装备发展的特点和趋势之一。通过将不同的功能模块集成,以色列相继研制了一系列可以与不同反无人机系统配合的射频传感器以及侦测、干扰和瞄准等专用设备。"无人机穹""无人机警卫"等反无人系统就是"软硬兼施"的反无人机系统的典型代表,它们同时具备电子干扰和动能打击模块。

　　澳大利亚和加拿大的反无人机装备发展则相对起步较晚,研发公司和装备成果也较少。澳大利亚的主要装备是无人机盾公司研发的明星产品 Drone Gun 系列。加拿大的主要装备是 Aerial X 公司投入研发的 DroneBullet 反无人机系统。随着反无人机系统功能的不断完善以及军事需求的不断增加,将会有更多的反无人机系统被用于军事等各领域。日本、韩国、印度的反无人机产品相对单一,特色不够明显,在本篇中暂未列举研究。

第三十章　以色列拉斐尔先进防御系统公司

　　拉斐尔先进防御系统公司[1](Rafael Advanced Systems Ltd.)成立于 2002 年,拥有以色列国防部内部发展武器和军事技术的国家研发实验室,是以色列三大国防公司之一。该公司主要服务于以色列国防军,旨在提高以色列的军事和国防技术,并

1　Our Story‐Rafael,https://www.rafael.co.il/about/。

在航空、陆地、海洋的国防安全防卫方面处于领先地位。基于丰富的研发经验和对不断变化的战斗需求的快速反应,拉斐尔先进防御系统公司能够为复杂的战场空间快速开发有效的解决方案,即以比不断变化的威胁更快的速度开发解决方案,从而对战场上的作战需求做出动态响应。例如,该公司的陆战系统可以保护地面部队和作战车辆免受威胁,不断预测需求,并提供高效且经过验证的有效解决方案,最大限度地提高生存能力、杀伤力和机动性。

在反无人机技术方面,该公司主要研发了 SPYDER(Surface to‐Air‐Python and Derby)、"无人机穹"(Drone Dome)、"铁穹"(Iron Dome)、"铁束"(Iron Beam)等反无人机系统。

SPYDER 系列防空系统

(一)系统基本情况

SPYDER 系列防空系统[1](Air Defense Systems,ADS)可有效防御大面积区域和保护机动部队免受各种威胁,如攻击机、直升机、轰炸机、巡航导弹和无人机等空中威胁。SPYDER 系列防空系统具有自主功能,可在移动中检测威胁,并在停止后立即触发。系统机动反应极其快速,在目标被宣布为敌对状态后的几秒钟内即可实现360°发射,并提供全天候、多发射和网络化的功能,其作战概念示意图如图 30‐1 所示。所有 SPYDER 防空系统都具有多个目标交战能力,可进行饱和攻击处理。SPYDER 防空系统的组件和拦截器是基于开放式架构设计,可以灵活地组合,提供适用不同范围、不同功能需求的配置,因此可实现

图 30‐1 **SPYDER 防空系统作战概念示意图**

外部组件(如雷达)的集成以及与特定领域的合作。SPYDER 防空系统采用了先进的空对空导弹,例如 PYTHON‐5™ 双波段导弹、I‐DERBY™ 主动雷达和 I‐DERBY ER™ 远程导弹,因此也适用于空对空任务。

(二)性能参数及特点

SPYDER 防空系统由一个中央指挥及控制单元(Central Control Unit,CCU)和4 个移动射击单元组成。其发射装置和CCU通过数据链连接,该数据链可以将监视

---

1 Rafael:SPYDER™ FAMILY,https://www.rafael.co.il/worlds/air‐missile‐defense/air‐defense/。

雷达的数据信息与 100 km 范围内的控制单元相结合,这就允许导弹可以根据当下的情况自由选择目标锁定的节点,如图 30-2 所示。

　　SPYDER 防空系统具有先进的电子反干扰(Electronic Counter - Countermeasures,ECCM)功能,并采用了光电观测有效载荷以及无线数据链路通信。SPYDER 基础型系统的射程可达到 15 km 以上,能装载 4 枚导弹。其导弹发射瞬间如图 30-3 所示。

图 30-2　SPYDER 防空系统

图 30-3　SPYDER 防空系统发射瞬间

　　在 SPYDER 防空系统基础型上,公司对系统的射程、装弹等方面进行了升级和更新,并形成多个改进型号:分别为 SPYDER - SR(近程)、SPYDER - MR(中程)和 SPYDER - LR(远程)等,可实现全天候快速反应。其中,SPYDER - SR 和 SPYDER - MR 均具有 360°倾斜发射导弹的功能,反应快速的发射前锁定(Lock - On Before Launch,LOBL)和发射后锁定(Lock - On After Launch,LOAL)功能,同时可将防御范围扩展到以 40 km 为半径的范围。此外,SPYDER - MR 和 SPYDER - LR 通过垂直发射提供中远程目标拦截,同时将防御范围半径推至 80 km。部分型号性能参数见表 30-1 所列。

表 30-1　SPYDER - SR、SPYDER - MR 关键性能参数 [1]

性能指标	型　号	
	SPYDER - SR	SPYDER - MR
杀伤范围	15 km 以上	35 km 以上
杀伤高度	20 m~9 km	20 m~16 km
长度	3 m	3.621 m
直径	0.16 m	0.16 m
翼展	0.35 m	0.64 m
雷达	EltaEL/M2106ATAR3D 监视雷达	IAI/EltaPython MF - STAR 监视雷达
运载重量	105 kg	121 kg
携带导弹数量	4 枚	8 枚

1　《菲律宾接收 SPYDER 防空系统,具备全天候快速反应能力》,https://baijiahao..com/s? id=1738941574414711716。

（三）部队列装情况

SPYDER 防空系统自推出以来就成了国际军火市场上的"香饽饽"，许多国家的军队都采购了该系统并列为制式装备，如图 30-4 所示。东欧的捷克军队就花费 2.3 亿美元采购了 4 部 SPYDER-MR 系统，来代替该国老旧的苏制 2K12 "Kub"系统，据称这 4 套系统将在 2023 年前入列捷克陆军。除此之外，亚洲的格鲁吉亚、印度、菲律宾，以及南美的秘鲁军

图 30-4　SPYDER 防空系统列装完成

队也都根据自己的实际情况，购买了数量不等的 SPYDER 防空系统。这些系统也在入列后不久，开始逐步形成战斗力，这也可以看出该防空系统的实战能力。越南空军于 2016 年开始接收首批 SPYDER 防空武器系统（累计共订购了 5 套）[1]。

"无人机穹"（Drone Dome）反无人机系统

（一）系统基本情况

2016 年 4 月，拉斐尔先进防御系统公司推出的 Drone Dome 反无人机系统[2]可以提供完整且全面的无人机解决方案，能够建立有效的无人机禁区，如图 30-5 所示。该系统集成了探测、分类、识别和打击功能，可检测小至 0.002 m^2、距离为 3.5 km 的目标；还可为敏感区域和空域提供移动、快速响应的端到端式反无人机防

图 30-5　Drone Dome 反无人机系统

御解决方案。Drone Dome 反无人机系统具备软杀伤和硬杀伤能力，因具备周界覆盖（360°）、反应时间短和在所有天气条件下运行的功能而具备快速响应和成功率高的优势。Drone Dome 反无人机系统可在高度拥挤的空域（民用或军用）中运行，可在不干扰其他飞行器的情况下，通过特定的干扰器带宽和先进的定向天线识别未知目

1　《中小国家的首选，防空能力优异的 SPYDER 系统，物美价廉的代表》，https://baijiahao..com/s? id＝1687858067271115016。

2　Rafael：DRONE DOME™ | Anti-Drone System - Counter UAS，https://www. rafael. co. il/worlds/air-missile-defense/c-uas-counter-unmanned-aircraft-systems/。

标,并基于自适应算法生成警报。

Drone Dome 反无人机系统是一种模块化的系统,可用作固定或移动配置,并根据任务要求进行定制。其开放式架构可以轻松集成任何传感器、电子干扰系统甚至火力发射装置,例如 Drone Dome 反无人机系统可以配置在卡车上,也可以集成激光武器系统,如图 30-6、图 30-7 所示。

图 30-6　配置在卡车上的
Drone Dome 反无人机系统

图 30-7　Drone Dome 反无人机
系统集成激光武器系统

(二) 性能参数及特点

Drone Dome 反无人机系统由高功率激光器、EO/IR(光电/红外)传感器套件、C-Guard RD 干扰器和 Net Sense 系统天线、RADARPS-42 雷达系统 4 部分组成。Drone Dome 反无人机系统在作战使用时,为"轻束"(一种定向能硬杀伤系统)提供目标信息,随后"轻束"用自己的光电传感器捕获目标,将激光器指向预定瞄准点,拉斐尔先进防御系统公司主要利用"轻束"系统对抗 2.5 km 距离的微型无人机。而"轻型光束"高功率激光器可以在大约 2 km 的范围内摧毁无人机,光束导向器安装在一个稳定的盘式倾斜框架上。EO/IR 传感器套件包括航向跟踪、精细跟踪、距离测量、瞄准点选择和更新、跟踪和报告功能。Drone Dome 关键性能指标参数见表 30-2 所列。

表 30-2　Drone Dome 反无人机系统组件关键性能指标参数

组　件	性能指标	参　数
"轻型光束"高功率激光器	作用范围	2.5 km
C-Guard RD 和 Net Sense 系统天线	可屏蔽频道	VHF 和 UHF 频道
	工作频率	20~6 000 MHz
	总信号输出功率	400 W

续表 30 - 2

组　件	性能指标	参　数
RADARPS - 42 雷达系统	探测范围	80 km
	工作频率	s 波段
	覆盖范围	90°。4 台雷达的安装 可以提供 360°的覆盖
	平均传输功率	60 W
	续航时间	15 500 h

（三）用途和典型应用

Drone Dome 反无人机系统经过了战斗验证，实现了超过 2 000 次的拦截。其多任务系统可以在非常短的距离内有效地对抗火箭、迫击炮、炮弹、飞机、直升机和无人机。Drone Dome 反无人机系统可以提供机场、相关会场等大型基础设施的安保服务，如图 30 - 8 所示。该系统曾经部署于东京奥运会以保障会场安全。英国军队曾以 1 600 万英镑的价格购买了其中的 6 套系统。

图 30 - 8　部署在会场的
Drone Dome 反无人机系统

"铁穹"（Iron Dome）反无人机系统

（一）系统基本情况

Iron Dome 反无人机系统[1]是由拉斐尔先进防御系统公司和以色列航空航天工业公司（Israel Aero Space Industries）共同研发的全天候、机动型火箭拦截系统，可检测、评估和拦截来袭的火箭弹、导弹、巡航导弹、无人机等作战武器，可以保护前方机动部队和城市区域免受各种空中监视和威胁，如图 30 - 9 所示。

图 30 - 9　**Iron Dome 反无人机系统**

1　Rafael：IRON DOME - C - RAM，V - SHORAD and Naval Area Defense System，https://www.rafael.co.il/worlds/air-missile-defense/short-range-air-missile-defense/。

据以色列国防部规划,Iron Dome 反无人机系统将与"箭"式反导系统、"大卫弹弓"反导系统,共同形成以色列多层的反导体系。Iron Dome 反无人机系统的工作原理为:通过雷达探测到火箭的发射进行轨道跟踪,获取目标数据信息形成报告,BMC(Baseboard Manager Controller,基板管理控制器)再根据报告的数据计算影响点,并通过报告确定目标是否对指定区域构成威胁。只有当威胁被确定时,拦截导弹才会发射,其快速的机动反应能力可以在安全区域范围内实现摧毁指令。Iron Dome 反无人机系统区别于传统的防空导弹,可在分散区域独立部署 3~4 个发射装置,每个发射装置包含 20 个拦截导弹,通过安全无线连接即可进行远程操作。这一特性极大地扩大了 Iron Dome 反无人机系统的作用范围,使得每个 Iron Dome 炮台能够保护大约 150 km² 的城市区域。Iron Dome 反无人机系统作战概念示意图如图 30 - 10 所示。

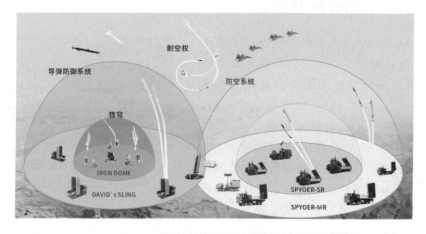

图 30 - 10　Iron Dome 反无人机系统作战概念示意图

Iron Dome 反无人机系统根据不同的任务需求,通过升级和更新形成了改进型版本:I - DOME 和 C - DOME 系统。I - DOME 是一体式移动版本,安装在一辆卡车上,为机动化或机械化部队提供保护,并为军事、工业和行政设施提供防空点;C - DOME 是海军版本,主要用于解决海军威胁、保护船只和其他海上战略资产。

(二) 性能参数及特点

Iron Dome 反无人机系统具有 3 个核心组件:探测跟踪雷达 ELM - 2084(Detection & Tracking Radar,ELM - 2084)、控制中心和导弹发射单元。ELM - 2084 是一种移动 S 波段雷达,采用 4D 有源电子转向阵列,对高低飞行目标进行检测、跟踪,分类并可以生成所有空中目标的空中实时态势图,如图 30 - 11 所示。

图 30 - 11　EL/M - 2084 有源相控阵雷达

Iron Dome 反无人机系统中采用了两种不同用途的 ELM－2084 雷达,分别为空中监视雷达和武器定位雷达,以实现方位和仰角的电子转向功能。ELM－2084 雷达的具体参数见表 30－3 所列。

表 30－3　ELM－2084 雷达两种用途的规格参数

性能指标	空中监视雷达	武器定位雷达
探测距离	475 km	100 km
方位角覆盖	旋转 360°方位角与扇形模式 120°方位角组合扫描	120°
仰角覆盖	50°&9.3 m^2	50°
测量精度	高精度三维测量	0.3％CEP
目标容量	1 100 个目标	200 个目标

Iron Dome 反无人机系统发射的导弹包括塔米尔拦截弹。它具有多个转向鳍,可实现较高的机动性,并配备了光电传感器;它还具有昼夜全天候、快速反应时间和齐射拦截能力;同时,该导弹还可以适应并同时处理迅速发展的威胁。经过实战验证,Iron Dome 反无人机系统可以拦截 4～70 km 距离内发射的短程火箭和 155 mm 炮弹,且其拦截次数超过 2 000 次,成功率超过 90％,如图 30－12 所示。

图 30－12　Iron Dome 反无人机系统发射拦截导弹

(三) 用途和典型战例

2021 年,以色列 Iron Dome 反无人机系统的两家生产商不约而同在其官网高调庆祝:自 2011 年 4 月 7 日成功击落一枚发射自加沙地带的火箭弹后,Iron Dome 反无人机系统已实战部署整整 10 年,成功拦截了 2 500 多枚火箭,成功率高达 90％[1],可以说 Iron Dome 反无人机系统撑起了以色列的保护伞。2018 年 11 月 12 日,加沙向以色列发射了多枚火箭弹,以军出动战机和坦克打击加沙地带的 70 多个军事目标,这是该地区自 2014 年以来爆发的最严重的冲突。以色列声称遭到 300 枚火箭弹疯狂袭击,其中 70 多枚火箭弹被 Iron Dome 反无人机系统拦截。

美国海军陆战队(USMC)将英国皇家空军的 Iron Dome 地面发射器和塔米尔拦截弹整合到海军陆战队的中程拦截能力(MRIC)原型中,与美国海军陆战队的 GATOR 雷达和 CAC2S 战斗管理系统相结合,这是一项重大突破,如图 30－13 所示。

1　《以色列军工巨头高调庆祝:"铁穹"防空系统成功拦截十周年》,https://new.qq.com/rain/a/202/0514AOEF3AOO。

图 30 - 13　塔米尔拦截弹和相关地面组件可以快速有效地集成到相关的防御架构

"铁束"(Iron Beam)反无人机系统

(一) 系统基本情况

Iron Beam 反无人机系统[1]是由拉斐尔先进防御系统公司于 2014 年开始研发,并在 2020 年正式部署的防空系统,如图 30 - 14 所示。Iron Beam 反无人机系统是一种100 kW级的高能激光武器系统,通过使用定向高能激光束击败敌对目标,

(a) 系统局部

(b) 系统整体

图 30 - 14　Iron Beam 反无人机系统

1　IRON BEAM - Rafael,https://www.rafael.co.il/worlds/land/iron-beam/。

可以拦截从几百米到几千米距离的各种威胁,如拉姆导弹(RAM)和无人机。该系统可以集成在多个平台上,并且可以作为任何多层防御阵列的补充 HEL 拦截器。Iron Beam 反无人机系统的主要优势是每次射击的成本较低,且次数无限,运营成本较低,人力需求较少。

(二)性能参数及特点

Iron Beam 反无人机系统是机动式激光防空系统,且为便于运输和转换阵地一般配置轮式底盘。该系统的组成包括空情指示雷达、指挥中心和两辆激光装置战车。Iron Beam 反无人机系统的核心系统是移动激光装置,它安装在标准集装箱内,配备供电系统和辅助设备。激光作战功率可以根据实际任务进行调整,按需确定激光能量。Iron Beam 反无人机系统使用两个激光器提供克服大气干扰和物理摧毁目标所需的功率,当系统雷达探测到来袭导弹时,热成像摄像机承担跟踪任务,激光装置首先集成为"叠阵"再进行"合束",形成能量更大、功率更强的激光束,进而有效杀伤目标。其性能参数见表 30 - 4 所列。

表 30 - 4　Iron Beam 反无人机系统
关键性能指标参数

性能指标	参　数
射程	7 km
射击周期	4～5 s
激光功率	约 100 kW
射击成本	3～4 美元
拦截成功率	90%

(三)用途和典型应用

与 Iron Dome 反无人机系统的超高拦截成本相比,Iron Beam 反无人机系统的每次拦截成本仅 3.5 美元。而该系统的低成本也使其得以在以色列国防军中大量部署,从而应对敌对力量的饱和式攻击。2022 年 4 月以色列国防部宣布,Iron Beam 激光防空系统通过首次国家测试,如图 30 - 15 所示。

2022 年 6 月 29 日,以色列 i24news 网报道称,以色列将在 2022 年 7 月中旬美国总统拜登访问期间寻求美国许可,将 Iron Beam 激光防空系统出售给沙特阿拉伯和阿联酋[1]。

图 30 - 15　Iron Beam 激光防空系统
首次通过国家测试图

1　《以色列"铁束"激光防御系统浅析》,https://mp. weixin. qq. com/s/zcCTuoDNXHi_N6mot4yPnw。

第三十一章 以色列阿波罗盾公司

阿波罗盾公司[1](Apollo Shield)于 2015 年成立,它是一家专注于反无人机领域的公司,致力于研究探测和阻止未经许可的无人机侵入。阿波罗盾公司的射频研究团队深度结合了人工智能技术,可识别新的无人机威胁,从而使其无人机库成为行业的佼佼者。

阿波罗盾公司的反无人机产品比较多,包括 Apollo Shield Omni 射频传感器,Apollo Shield 定向射频传感器,Apollo Shield RF Sense&Block,Apollo Shield 射频枪,Apollo Shield 射频干扰器、射频定位器等。本篇主要介绍该公司的典型产品 Apollo Shield 反无人机系统。

"阿波罗盾"(Apollo Shield)反无人机系统

(一) 系统基本情况

Apollo Shield 反无人机系统利用声、光和无线传感器等技术探测识别无人机,利用物理打击等技术对抗无人机。Apollo Shield 反无人机系统由"阿波罗赛博盒"(Apollo Cyber Box)和基于掌上电脑的"阿波罗指挥中心"(Apollo Command Center)两个子系统组成,操控人员通过 Apollo Command Center 控制 Apollo Command Box,利用声、光和无线传感器来探测无人机,并迫使违法的无人机着陆。Apollo Command Box 还可以集成到其他无人机探测装备中,使用信号阻断器来干扰无人机,以及使用网来物理捕获无人机。Apollo Shield 反无人机系统包括一个安装在地面上的装置——由电台和天线组成,每个装置都有用来扫描无人机和通信的天线,如果几个装置串联在一起,可以保护整个场地,如图 31 - 1 所示。

图 31 - 1 Apollo Shield 反无人机系统

(二) 性能参数及特点

Apollo Shield 反无人机系统的先进射频指纹技术可以检测、分类和识别全部在

---

1 ApolloShied Counter-Drone Systems,https://www.apolloshield.com。

售的无人机和遥控器的通信。Apollo Shield 反无人机系统可以解除非法无人机与遥控器之间的同步，在不影响关键通信的情况下迫使无人机降落，且其远程控制跟踪系统可以引导移动安全人员直接找到违法无人机。Apollo Shield 反无人机探测周边无人机时系统界面如图 31-2 所示。

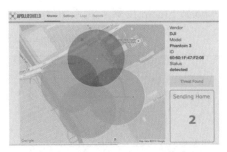

图 31-2 Apollo Shield 反无人机系统探测周边无人机

　　Apollo Shield 反无人机系统的所有产品都是由单一来源开发和测试的，所有设备都具有操作简单的优点，用户可以手动或自动处理来自"指挥中心"网络的数据。该系统不仅可以检测到规定区域中的无人机，还可以检测到无人机类型和专属 ID。用户可以得知进入检测领域的无人机是无恶意的还是有威胁的，还可以选择拦截无人机或者其他应对策略。同时，Apollo Shield 反无人机系统的手持型设备能够让无人机在毫发无损、功能健全的情况下，飞回到驾驶员身边。其组件性能参数见表 31-1 所列。

表 31-1 Apollo Shield 反无人机系统组件性能参数

性能指标	组件名称			
	Apollo Shield 反无人机系统 Omni RF Sensor	Apollo Shield 反无人机系统 Directional RF Sensor	Apollo Shield 反无人机系统 RF Sense & Block	Apollo Shield 反无人机系统 RF Jammer
实物图				
设备类型	射频传感器（内置 CAT-5 和 GSM）	射频传感器（多个传感器可实现三角定位）	射频传感器	射频干扰器（beta 版）
适用装备	所有类型	所有类型	所有类型（固定、移动、车辆版本的自动无人机）	所有类型（固定、移动、车辆版本的自动无人机）
作用范围	1.6 km	可定制范围	可定制范围	可定制范围
易用性	3 min 即可连接完成	—	即插即用	

Apollo Shield 反无人机系统拓展组件性能参数见表 31 - 2 所列。

表 31 - 2　Apollo Shield 反无人机系统拓展组件性能参数

性能指标	组件名称		
	Apollo Shield 反无人机系统 RF Gun	Apollo Shield 反无人机系统 RF Locator	Apollo Shield 反无人机系统 Command Center
系统图			
设备类型	入门级阻断工具	车载系统	控制中心
工作原理	物理阻断	跟踪遥控信号 专门应用程序	自动或手动入侵阻止 本地或云操作
设备功能	阻止所有无人机类型,包括自主无人机	可在几分钟内抓到未经授权的无人机操作员	实时警报:短信、电子邮件、API

(三) 典型用途

Apollo Shield 反无人机系统适用于对安全有强烈需求的所有人和经营人,例如炼油厂、核设施、机场、监狱、场馆、酒店等建筑物以及公众人物居住地。该系统已经在美国的执法机构投入使用。

第三十二章　以色列通用机器人技术公司

通用机器人技术公司[1]（General Robotics）由 Ehud Gal 于 2009 年成立，Ehud Gal 是以色列国防部研发部门负责人的前科学副手。如今，通用机器人技术公司是全球反恐单位的先进机器人系统的领先供应商，致力于研发、制造先进的维护国防安全的机器人系统。其研发的机器人系统可协助特种部队以最小的伤亡率决定性地赢得反恐斗争，同时也可满足军队、执法机构当前和未来的业务需求。通用机器人技术公司在多个国家和地区配备高素质的专业人员，在不同的工作领域提供技术援助和商业解决方案服务。

在反无人机领域，通用机器人技术公司持续研究并优化其反无人机装备。本章介绍通用机器人技术公司的主打产品 Pitbull 反无人机遥控武器站系统。

Pitbull 反无人机遥控武器站系统

（一）系统基本情况

通用机器人技术公司在 2019 年英国国际防务展上发布了新的反无人机遥控武器站（Remote Controlled Weapon Station，RCWS）并展示了其最新功能，该武器站被称为 Pitbull[2]。Pitbull 是一款轻量级反无人机遥控武器站，配备通用机器人技术公司的瞄准射击（Point&Shoot）技术，如图 32-1 所示。Pitbull 反无人机遥控武器战系统可以提供一种探测和跟踪所有类型无人机，使其失去能力并坠毁的解决方案。

图 32-1　Pitbull 反无人机遥控武器站系统

（二）性能参数及特点

Pitbull 反无人机遥控武器战系统应对无人机的完整方案主要包括 3 个步骤：首先利用与系统相集成的各种雷达探测无人机，探测距离可达 5 km；然后通过集成的干扰机进行软杀伤，使所有无人机的通信频率（指令、视频和 GPS）同时中断，从而迫

1　General Robotics Lab，http://www.generalroboticslab.com。

2　DSEI 2019：General Robotics showcases next generation Pitbull，https://www.shephardmedia.com/news/uv-online/dsei-2019-general-robotics-showcases-next-generati/。

使无人机停飞、降落或返回基地；最后利用先进的预测算法将 500 m 外的移动无人机和 800 m 外的悬停无人机击落。Pitbull 反无人机遥控武器战系统的性能参数见表 32-1 所列。

表 32-1　Pitbull 反无人机遥控武器战系统性能参数

性能指标	参　数
重量	75 kg
方位角	旋转 N×360°，每秒 90°
仰角	大约-30°~60°(取决于机枪)
适用组件	适合各种轻机枪，如 FNMAG7.62 或 NEGEV5.56/NEGEV7.62
日间成像传感器	高清晰度、高帧率、低延迟

第三十三章 以色列埃尔比特系统有限公司

埃尔比特系统有限公司[1](Elbit Systems Ltd.)是以色列的一家国防电子公司,主要面向国防、国土安全等领域,开发、提供广泛的机载、陆地和海军系统及产品组合。埃尔比特系统有限公司产品种类广泛,包括军用飞机和直升机系统,商业航空系统和航空结构,无人飞机系统和无人水面舰艇,电光、夜视及对抗系统,陆地车辆系统,弹药,指挥、控制、通信、计算机、情报、监视和侦察(C4I)及网络系统,电子战和信号情报系统等。埃尔比特系统有限公司最初是埃尔隆电子工业公司(Elron Electronic Industries)于 1966 年开创的一个新部门,该部门将以色列国防部研究所现有的专业计算机设计知识与埃尔隆电子工业公司在电子产品设计、制造和管理方面的经验进行了结合[2]。如今,埃尔比特系统有限公司稳步研发以色列飞机的后勤支援武器交付和导航系统,为"狮"式(AllAvi)战斗机建立战斗航空电子设备包,并为梅卡瓦(Merkava)主战坦克制造火控系统等。在反无人机领域中,埃尔比特系统有限公司的代表产品为 Re Drone 反无人机系统。

Re Drone 反无人机系统

(一) 系统基本情况

2016 年,以色列埃尔比特系统有限公司推出了 Re Drone 反无人机系统[3],该系统旨在检测、识别、跟踪和消除指定空域内不同类型的无人机。Re Drone 反无人机系统的探测模块能提供完整的 360°周界保护和最新的态势感知,并且可以同时处理多架无人机,精确定位无人机及其操作员的方向。检测到目标后,Re Drone 反无人机系统可以激活干扰器,中断无人机的通信链路,阻止其无线电、视频信号以及 GPS 定位数据,并将其发送到轨道外,从而防止目标无人机发动攻击。

(二) 性能参数及特点

Re Drone 反无人机系统主要由信号情报(SIGINT)传感器、3D 雷达、光电红外(EO/IR)系统模块以及命令控制台组成,可以精确地根据客户需求定制且易于与任何体系结构集成,如图 33-1 所示。

1　Elbit Systems – International Defense Electronics Company,https://www.elbitsystems.com。

2　埃尔比特系统有限公司简介,https://www.youuav.com/shop/648/index/。

3　UAS | Elbit System,https://www.elbitsystems.com/products/uas/。

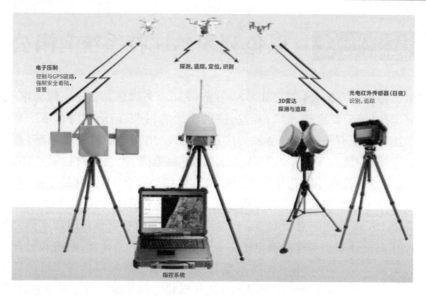

图 33 - 1　Re Drone 反无人机系统构成

Re Drone 反无人机系统的主要特点有：

① 360°探测：Re Drone 反无人机系统通过其独特的检测能力联合提供全区域保护。基于快速宽带接收器的 SIGINT 被动探测子系统可探测所有类型的商用无人机通信，并提供检测和定位功能，将其与 Wi - Fi 信号分离，可以识别并示警操作员。同时该系统还配有多个 2D 或 3D 雷达，从而扩展探测范围。该系统配备的声学子系统可探测周边区域的声学情况，而视觉光学子系统则将调节摄像机指向无人机的方向。此外，外部传感器可由客户直接提供，并通过 C2 接口集成。

② 有效消除威胁目标：Re Drone 反无人机系统包括许多可有效击败敌对无人机的子系统，可以封锁所有无线电通信频道和全球导航卫星系统信号。它有一个紧凑的射频发射器，可以暂时中断无人机的指挥和控制链接系统，将附带的损害风险降至最低。

③ 可操纵和接管目标无人机：Re Drone 反无人机系统可以操纵和完全控制目标无人机。在接管阶段，操作员能够通过系统断开目标无人机的通信通道，并完全控制无人机。Re Drone 反无人机系统可以通过特定 GPS 坐标向无人机发送安全着陆命令到目标位置，使无人机飞到指定位置并安全着陆。

④ 可灵活部署：Re Drone 反无人机系统重量轻，易于运输，部署迅速。该多功能系统采用坚固、可移动的外壳，可安装在各种便携式、移动式或固定式平台上。

（三）典型用途

Re Drone 反无人机系统可实现对边界、机场、海港、战略设施、公共活动、地标、监狱、军事基地以及军事或 VIP 车队和车队的端到端防御。

第三十四章 以色列航空工业公司

以色列航空工业公司[1]（Israel Aerospace Industries，IAI）是以色列位列第一的大气载具与空中载具的制造厂商，其前身是 1953 年成立的以提供军用产品为主的贝德克航空公司。2006 年 11 月 6 日，贝德克航空公司正式更名为以色列航空工业公司，并完全由以色列政府所有。该公司的发展几乎是以色列国防高科技工业的历程缩影，与以色列国家发展同步进行，在以色列工业、经济和国防等几大产业中的地位举足轻重。以色列航空工业公司是全球几大尖端防务公司之一，产品涉及航空航天、制导弹药等多个领域。该公司主要设计、开发、生产和维护民用飞机、无人机、战斗机、导弹、航空电子设备和天基系统。

以色列航空工业公司研发的各种武器装备，如"幼狮"战斗机、"苍鹭"无人机、"迦伯列"反舰导弹以及"铁穹"反火箭拦截系统都世界闻名，而在反无人机领域，主要推出了 Drone Guard 反无人机系统。

Drone Guard 反无人机系统

（一）系统基本情况

Drone Guard 反无人机系统[2]是以色列航空工业公司研制的一种面向军用、国土安全及商用市场的多层次、多传感器反无人机开放式解决方案，可用于探测和拦截低无人机等目标，如图 34－1 所示。

Drone Guard 反无人机系统的多层次开放式架构使其具有更强的防护能力、更高的可靠性以及更强的分类识别能力。基于开放式架构，Drone Guard 反无人机系统解决方案主要由探测识别、拦截杀伤和指

图 34－1 Drone Guard 反无人机系统

挥控制三个功能模块构成，其中探测识别层由 X 波段多任务三维 AESA 雷达、通信情报（Communication Intelligence，COMINT）和全天时高性能光电/红外传感器组成；拦截杀伤层包括软杀伤（干扰及接管恶意无人机并使其在安全区域降落等）和硬

1　IAI，https://www.iai.co.il。

2　Passive Anti－drone System－Drone Guard COMJAM（ESM），https://www.iai.co.il/p/eli-4030-drone-guard-esm。

杀伤手段（枪械、靶向火箭及杀手无人机等）；指挥控制层（C2）是该解决方案的核心，负责管理所有传感器和子系统，指挥控制层从各传感器处收集数据，自动对收集到的信息进行相关处理，定义优先级并生成统一的态势感知图。

（二）性能参数及特点

Drone Guard 反无人机系统解决方案采用模块化设计思路，为用户提供可选择的感知系统和杀伤系统的最佳组合，以满足不同用户的需求。每个感知系统和杀伤系统都可以与 Drone Guard 指挥控制层独立运行，而当所有感知系统和杀伤系统作为完全集成解决方案的一部分一起运行时，可实现最佳性能。

Drone Guard 反无人机系统解决方案最具特色的是基于开放式架构，支持第三方传感器的无缝接入。以 X 波段探测雷达为例，Drone Guard 反无人机系统解决方案可以集成多款雷达传感器，包括但不限于 ELM - 2026B/D 三维 AESA 雷达、ELM - 2026BF 三维 AESA 雷达、ELM - 2112 系列三维调频连续波雷达、ELM - 2135 多任务雷达。其组件构成见表 34 - 1 所列。

表 34 - 1　基于开放式架构，Drone Guard 反无人机系统组件构成

雷达 X 波段（测量的距离可达 14 km）			
装备名称	ELM - 2026B/D	ELM - 2026BF	ELM - 2112	ELM - 2135
装备实物图				
装备类别	AESA 3D Radar	AESA 3D Radar	调频连续波雷达	多任务雷达
配置软杀伤拦截器的射频探测仪			
装备实物图				
软/硬杀伤拦截器			
装备特点	多频覆盖：400～6 000 MHz 360°远程检测（最多 10 km）		多频覆盖：433～6 000 MHz 360°远程检测（最多 10 km）	
光电/红外 360°覆盖，识别范围达 8 km，检测范围达 15 km			

装备实物图				
装备名称	Mini POP	MOSP	Tactical POPSTAR	MEGAPOP
装备类型	战术紧凑型日照/夜间摄像机	长距离日照/夜间摄像机	60×10°全景超高覆盖率分辨率	超长距离多光谱电光系统
装备实物图				
装备名称	ELK - 7009	ELK - 7009A	SMARTSIGHT	Drone Kill Drone	ROCKNET
装备特点	全球导航卫星系统通信干扰	通过控制无线电通信安全接管无人机	动能撞击	动能影响	自主无人机拦截电气火箭

以 ELM - 2026B 雷达组件的性能参数为例,见表 34 - 2 所列。

表 34 - 2　ELM - 2026B 雷达的性能参数

性能指标	参　数
工作频段	X 波段
重量(天线＋底座)	约 75 kg
距离量程	25 km
探测距离(战斗机)	15 km
目标速度探测范围	0~600 m/s
更新速率	2 s(30 r/min)
方位覆盖范围	360°
俯仰覆盖范围	60°
距离精度	30 m
方位精度	0.3°
俯仰精度	0.5°
距离分辨率	60 m
方位分辨率	3.6°
俯仰分辨率	7°
目标跟踪数量	100(边跟踪边扫描)
功耗	约 500 W
工作电压	28 VDC (标称电压)

（三）典型应用场景

据简氏网站 2021 年 7 月 2 日报道，以色列航空工业公司宣布将向某南亚国家出售其 ELI - 4030 Drone Guard 反无人机系统，交易金额为数千万美元。据公司官网公开的消息，Drone Guard 反无人机系统已出售到多个国家，成功为军事任务、边境、关键设施、机场、大型活动等提供防护，如图 34 - 2 所示，并曾部署在 2018 年在阿根廷举行的 G20 峰会等重大活动中。

图 34 - 2　Drone Guard 反无人机系统部署完成

第三十五章 澳大利亚无人机盾公司

无人机盾公司(Drone Shield)[1]专注于射频传感、人工智能、传感器融合和电子战等领域,提供符合美国军用标准的相关装备。该公司使用基于人工智能的多层解决方案进行检测和对抗,提供人工智能系统,以抵御各种无人机威胁。该公司还提供多域、多任务的,将传感器、效应器和嵌入式人工智能/机器学习综合集成的解决方案,并能通过基于 AI 的传感器融合和信号处理最大限度地提高解决方案的探测性能。

无人机盾公司在人工智能技术的基础上开发了一种尖端频谱感知技术,该技术提供一种新的兴趣信号(Signal Of Interest,SOI)识别手段,可以提供威胁告警、地理位置示警及情报获取服务,可以直接被应用到现代战场。同时,公司还研发了一种利用定向电磁能量来干扰、降低、破坏或中和对手电子攻击能力,欺骗、降低、中和或破坏电磁频谱内的敌方通信网络的设备。无人机盾公司的专业技术可以为军事人员提供兼具差异化、综合性和对抗能力的多任务解决方案,补充军方现有的探测方法,有效帮助军方加强对空中威胁的防御。

无人机盾公司为反无人机防御提供了一系列独立的便携式产品和可快速部署的固定站点解决方案。该公司目前主要推出了 3 种反无人机电磁武器:DroneCannon RW、DroneGun Tactical 和 DroneGun MK3。

DroneCannon RW

(一) 系统基本情况

无人机盾公司的 DroneCannon RW[2] 是一种专为远程武器站设计的反击干扰器,采用了一种轻型"软杀"无人机干扰解决方案。DroneCannon RW 将迫使单个或无人机集群进入故障安全模式,使无人机悬停或缓慢下降。此功能将使操作员更容易地通过使用动能武器或其他武器来命中目标。DroneCannon RW 专为移动作战而设计,其采用轻质底盘和优化的电子设备,配备减震器和隔振器,可在崎岖的地形上运行,也适用于任何远程武器站,如图 35 - 1 所示。

1　C - UAS AI & Counterdrone Defense solutions - DroneShield,https://www.droneshield.com。

2　DroneCannon - DroneShield,https://www.droneshield.com/dronecannon。

(二) 性能参数及特点

DroneCannon RW 具有坚固轻巧的优点,专门针对移动场景进行了优化,无须特殊工具或设备即可快速安装和维修。该装备在 ISM(Industrial Scientific Medical)频段和 GNSS 上扩大了 500 m 的干扰范围,DroneCannon RW 可同时作用缓制多架无人机。其性能参数见表 35 - 1 所列。

图 35 - 1　DroneCannon RW 装备

表 35 - 1　DroneCannon RW 关键性能指标参数

性能指标	参　　数
电压	28 VDC
中断范围	500 m
模块重量	10 kg
垂直覆盖范围	90°
水平覆盖范围	90°
颜色	黑色/棕褐色
有效频率	ISM 频段以及 GNSS
工作温度	−20∼55 ℃

DroneGun Tactical

(一) 系统基本情况

2018 年,无人机盾公司推出了 DroneGun Tactical 战术反无人机步枪,如图 35 - 2 所示[1]。这是一款无人机捕捉器,可以通过无线电波对无人机遥控信号进行干扰,触发无人机的失控应急降落程序,从而实现非接触式的有效捕获。DroneGun Tactical

图 35 - 2　DroneGun Tactical

是 DroneGun 的第二代更新产品,它也可以拦截无人机的信号,包括 GPS 和 GLO-NASS 信号,从而迫使无人机降落。在保证产品轻量的情况下,该设备在有效拦截范围(超过 1 km)内增加了 433 MHz 和 915 MHz 信号,可以确保其作用得到有效发

1　DroneGun Tactical – DroneShield,https://www.droneshield.com/dronegun-tactical/。

挥。DroneGun Tactical 进一步达到了标准军用规范的要求，比如其采用了标准化的北约军用电源。

（二）性能参数及特点

DroneGun Tactical 与 DroneGun 一样，可通过干扰 2.4～5.8 GHz 频段的方式对无人机信号进行破坏，使无人机的信号传输受到严重干扰，同时 GPS 和 GLO-NASS 定位系统也会随之崩溃，从而迫使无人机进入失联状态后就近降落。Drone-Gun 一代体型更大，射程更远，DroneGun Tactical 则更灵活和便于携带，如图 35-3 所示。其性能参数见表 35-2 所列。

图 35-3　DroneGun Tactical 灵活部署

表 35-2　**DroneGun Tactical 关键性能参数**

性能指标	参　数
有效频率	各种 ISM 频段，以及 GNSS（卫星导航）
步枪重量	7.3 kg（包括 2 个电池）
操作时间	超过 2 h（每次充电的总操作时间）
尺寸	1 422 mm×450 mm×203 mm
总重量	18 kg
电池电压	14.4 VDC
工作时间	超过 2 h
工作温度	−20～55 ℃

DroneGun Tactical 的优点在于有集成式定向天线，其定制天线罩设计可在多个频段上有效运行，且整体内置热管理系统。DroneGun Tactical 控制面板的旋转拨盘开关支持选择有源干扰频率，可以通过 LED 指示灯"开"或"闪"提供视觉反馈，如图 35-4 所示。其步枪式设计内部是铝制框架，耐用性高，可有效延长操作使用时间。

图 35-4　**DroneGun Tactical 的控制面板**

DroneGun MK3

(一) 系统基本情况

DroneGun MK3[1] 电磁手枪是一种紧凑、轻型的无人机对抗解决方案,能够同时中断多个信号频段(433 MHz、915 MHz、2.4 GHz 和 5.8 GHz),还具有可选的 GNSS 中断能力,包括 GPS、BDS、GALILEO 等,如图 35-5 所示。当中断被触发时,目标无人机通常会通过现场的垂直控制着陆作出响应,或返回操作员控制器或起点。

(二) 性能参数及特点

DroneGun MK3 在武器小型化方面获得很大突破。早前的 DroneCannon 重 10 kg,DroneGun 重 7.3 kg,而 DroneGun MK3 仅重 1.95 kg,可以随身携带,外观科幻感十足,如图 35-6 所示。其性能参数见表 35-3 所列。

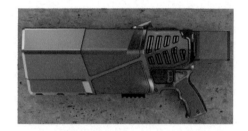

图 35-5   DroneGun MK3

图 35-6   可随身携带的 DroneGun MK3

表 35-3   DroneGun MK3 关键性能参数

性能指标	参　数
重量	2.14 kg(包括电池)
最大覆盖范围	1 km
适用频段	同时破坏多个 RF 频段
附加功能	可选的 GNSS 中断功能
电压	10.8 VDC
设备重量	2.14 kg(4.72 磅)(包括电池)
有效频率	范围广泛的无人机 ISM 频段以及 GNSS(卫星导航)
工作温度	-20~55 ℃
颜色	哑光黑,沙漠沙
使用方式	电池供电,一人操作
易用性	设置或使用所需的技术培训少,高度便携的设计

1　DroneGun MK3 Counterdrone (C-UAS) Protection - DroneShield,https://www.droneshield.com/dronegun-mk3。

DroneGun MK3 通过电池供电来保证续航,其配置的可充电式锂离子电池是 NATO 标准军用级电池。电池的启动时间小于 3 s,续航可达 1 h以上。DroneGun MK3 的控制面板主要通过 LED 指示灯"ON"(启用频带)和"FLASH"(当中断时)提供视觉反馈,如图 35 - 7 所示。

图 35 - 7　DroneGun MK3 的控制面板

第三十六章　　加拿大 Aerial X 公司

AerialX[1] 公司成立于 2013 年,旨在提供先进的解决方案来保护空中安全。AerialX 公司拥有行业领先的研发团队,专注于无人机设计与人工智能结合的创新和突破,设计和制造先进无人机系统。AerialX 公司在无人驾驶飞机、无线电、机器视觉、深度学习、数字取证、国防等领域拥有多年的经验,成功开发了不同的无人机平台,其中包括为各种应用开发多旋翼、固定翼和混合平台。此外,该公司也在人工智能、机器视觉、高级飞行特性机动以及复合材料和各种传感器有效载荷和成像系统等领域有一定的建树。

AerialX 公司提出的反无人机解决方案可以集成到任何检测系统中,在不改变客户现有系统的情况下扩展客户的能力,从而显著降低成本。该公司主要推出的典型反无人机解决方案是 DroneBullet 反无人机系统。

DroneBullet 反无人机系统

(一) 系统基本情况

DroneBullet 反无人机系统[2]于 2018 年在 SOFWERX Thunder - Drone II 评估中首次亮相。DroneBullet 易于携带、杀伤力强且成本低,是一种完全自主的多旋翼、利用动能拦截和击败敌方无人机的反无人机系统,如图 36 - 1 所示。它可以基于专有的机载人工智能和先进的机器视觉处理实现自主对抗单个或目标无人机集群。为了应对小型多旋翼和固定翼无人机威胁,它还配备了一个摄像头和各种基于神经网络的组件,能够进行必要的机载数字运算,从而可以计算出击中敌人的最佳轨迹和飞行路径等内容。DroneBullet 反无人机系统的探测界面如图 36 - 2 所示。同时,DroneBullet 反无人机系统还装有 GPS 模块和多个螺旋桨。

图 36 - 1　DroneBullet 反无人机系统

图 36 - 2　DroneBullet 反无人机系统探测界面

1　Home - AerialX,https://www.aerialx.com。
2　DroneBullet - AerialX,https://www.aerialx.com/dronebullet。

在操作时,用户或操作员只需识别天空中的无人机目标,然后控制 DroneBullet 反无人机系统锁定敌方无人机,使其自主跟踪物体,并根据无人机的速度以及类型(四轴飞行器/固定翼无人机)确定击中目标的确切位置。此外,该系统不装载任何炸药,其所有破坏力都来自撞击提供的动能。它还具有重新校准的能力,以便在初次碰撞后追击第二个目标或返回地面。

(二)性能参数及特点

DroneBullet 反无人机系统既可以独立运行,也可以与第三方检测系统配合使用。该系统被安装在碳纤维外壳中,还配备了一个安装在机头上的日/夜摄像头和一个 GPS/惯性导航系统(Inertial Navigation System,INS)/惯性测量单元(Inertial Measurement Unit,IMU)导航组件,该系统工作示意图如图 36-3 所示。DroneBullet 反无人机系统由锂离子聚合物电池和电动机驱动,终端制导由机载"深度学习和机器视觉"系统提供。其性能参数见表 36-1 所列。

表 36-1 DroneBullet 反无人机系统关键性能指标参数

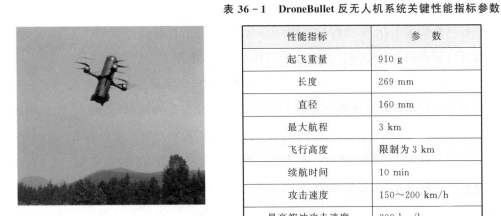

图 36-3 DroneBullet 系统工作示意图

性能指标	参　数
起飞重量	910 g
长度	269 mm
直径	160 mm
最大航程	3 km
飞行高度	限制为 3 km
续航时间	10 min
攻击速度	150～200 km/h
最高俯冲攻击速度	300 km/h

(三)典型应用场景

DroneBullet 反无人机系统于 2018 年在 SOFWERX ThunderDrone II 评估中挺进半决赛,其反无人机能力得到北卡罗来纳州布拉格堡的美国特种作战司令部和战略能力办公室的肯定,并于 2019 年参与加拿大国防部卓越与安全创新项目下的反无人机系统计划。

第六篇

国内典型反无人机装备和产品

第三十七章 "无形截击"无人机与反无人机对抗挑战赛赛事情况

　　"无形截击"无人机与反无人机对抗挑战赛（以下简称"无形截击"挑战赛）由国防科技创新特区主办，军委联合参谋部作战局、中部战区联合参谋部、空军装备部、武警部队装备部和公安部装备财务局等单位协办，中国航空工业发展研究中心、中国船舶工业系统工程研究院、中国兵器科学研究院和中国兵器工业试验测试研究院联合承办。该赛事针对城市环境核心区域和重大战略设施防御"低慢小"无人机袭击的需求，聚焦"低慢小"目标自动探测识别与低附带损伤反制等核心问题。

　　为充分发挥"无形截击"挑战赛的指向性和试金石作用，自 2018 年起，国防科技创新特区连续举办"无形截击"系列挑战赛，组织开展贴近实际的系统性综合测试，有效考察反无人机系统的实际技术性能和作战能力。

　　"无形截击-2018"挑战赛由探测赛、打击赛、创意赛、技术展四部分组成，分别考察参赛队在贴近真实环境中的有效探测能力、反无人机技术能力、产品创新能力。"无形截击-2019"挑战赛按照公开赛、进阶赛和对抗赛三个阶段进行，分别牵引反无人机技术发展、聚焦反无人机实际能力生成、促成无人机攻防两条线竞相发展。"无形截击-2021"挑战赛分预赛、公开赛和进阶赛三个阶段进行，分别设置了野外无人值守探测科目（考察参赛队有效探测能力）、城区单目标探测科目和城区单一技术手段防御科目（考察参赛队防守能力）、城区无人值守探测科目和城区综合防御科目（考察参赛队的综合能力）。

　　"无形截击"挑战赛是国内最具权威的反无人机赛事，参赛的公司也是国内反无人机领域的翘楚，编者从 2018、2019、2021 三届"无形截击"挑战赛取得优异结果的单位中选取了 14 家公司(具体名单见表 37 - 1,排名不分先后),并与其进行了沟通联系,获得了在本篇介绍公司和产品的授权与许可,以此全面展示国内主要反无人机装备和产品。

表 37 - 1 国内反无人机相关领域公司名单

序 号	单 位
1	四川九洲防控科技有限责任公司
2	湖南华诺星空电子技术有限公司
3	融鼎岳(北京)科技有限公司
4	上海特金无线技术有限公司
5	西安恒宇众科空间技术有限公司
6	西安熠泽丰电子科技有限公司
7	陕西山利科技发展有限责任公司
8	成都安则科技有限公司
9	鉴真防务技术(上海)有限公司
10	北京瑞达恩科技股份有限公司
11	北京神州明达高科技有限公司
12	北京立防科技有限公司
13	北京博宏科元信息科技有限公司
14	江苏锐盾警用装备制造有限公司

第三十八章　国内主要反无人机公司和产品

反无人机系统的兴起与无人机在军用和民用领域带来的新威胁有密切关系。由于无人机系统具有低廉的成本、良好的操控性和极强的适应性等特点,因此其带来的威胁与日俱增。目前,反无人机系统发展处于领先地位的国家有美国、俄罗斯、以色列、瑞典等,我国在这一方面起步较晚,处于学习模仿和追赶超越的阶段。各个国家的系统在研发过程中,均采取军民融合的方式,很多产品已经得到实际运用。本章以"无形截击"挑战赛中取得优异成绩的产品为切入点,重点介绍了目前国内反无人机系统的发展情况,总结分析了各类系统的优缺点,探讨了未来的发展趋势。

一、四川九洲防控科技有限责任公司

(一) 公司基本介绍

四川九洲防控科技有限责任公司[1](以下简称九洲防控)前身为四川九洲电器集团有限责任公司(以下简称九洲集团)探测事业部。2017 年 7 月 26 日,九洲集团瞄准国家低空空域开放的契机,注册成立九洲防控。九洲防控主要从事低空超低空目标探测和低空近程防御系统技术研究及产品研发,经营方向为无人机防控系统、近程防御系统、低空探测雷达以及相关联的公共安全等系统和产品的研发、制造、维修和服务。

该公司反无人机典型装备包括 5 个系列反无产品,分别为探测设备、干扰设备、导航诱骗设备、反无人机指挥控制终端以及通过典型产品所构建的车载式和分布式反无人机系统。

> 四川九洲防控科技有限责任公司是国家低空探测和低空近程防御的骨干装备单位,已列装上百套雷达、低空近程武器指挥系统及反无人机系统。产品批量出口中东、非洲、拉美等国家和地区,并实战化应用。

(二) 公司产品和基本参数

1. 探测设备

(1) JZ/UD - 8734 系列小微无人机探测雷达

JZ/UD - 8734 系列小微无人机探测雷达采用全固态、全相参、脉冲多普勒、数字

---

[1]　来源于四川九洲防控科技有限责任公司官网, http://www.jzfktech.com。

波束合成(Digital Beam Forming,DBF)、三坐标体制,方位上通过机械扫描实现0~360°覆盖,俯仰上采用同时数字多波束实现0~30°覆盖(最高为60°),如图38-1所示。

JZ/UD-8734系列小微无人机探测雷达采用模块化设计,可现场拆分组装;架设灵活,可根据不同应用场景需求,用三脚架、车载平台集成或方舱集成;阵地适应能力强。该系列雷达 JZ/UD-8734A、JZ/UD-8734A-C、JZ/UD-8734A-E、JZ/UD-8734A-G 的关键性能指标参数见表38-1所列。

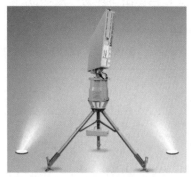

图 38-1 JZ/UD-8734 系列小微
无人机探测雷达

表 38-1 JZ/UD-8734 系列小微无人机探测雷达关键性能指标参数

性能指标		雷达型号			
		JZ/UD-8734A	JZ/UD-8734A-C	JZ/UD-8734A-E	JZ/UD-8734A-G
工作频段		Ku	Ku	Ku	Ku
探测距离(RCS=0.01 m^2 的四旋翼微型无人机)		5 km	3 km	7 km	5 km
探测精度	方位	0.3°	0.5°	0.3°	0.5°
	俯仰	0.5°	1.5°	0.5°	0.5°
	距离	10 m	20 m	10 m	10 m
功耗		≤500 W	≤300 W	≤1 000 W	≤650 W
天线阵面尺寸		≤1 000 mm×550 mm	≤800 mm×350 mm	≤800 mm×470 mm	≤530 mm×400 mm
设备重量		≤80 kg	≤55 kg	≤100 kg	≤40 kg

(2) JZ/RFEW-8721 系列低空预警雷达

JZ/RFEW-8721系列低空预警雷达采用全固态、全相参、脉冲多普勒、三坐标、有源相控阵体制,主要用于对低空、超低空目标探测和远程预警,如图38-2所示。

JZ/RFEW-8721系列低空预警雷达采用模块化设计,可用三脚架固定部署或车载集成,广泛适用于边境、岛礁防御等环境。与JZ/UD-8734系列小微无人机探测雷达相比,该系列雷

图 38-2 JZ/RFEW-8721 系列
低空预警雷达

达更适用于远距离探测。该系列雷达中除 JZ/RFEW - 8721 外,还在原版的基础上研发生产了改型 JZ/RFEW - 8721m,它们的关键性能指标参数见表 38 - 2 所列。

表 38 - 2　JZ/RFEW - 8721 系列低空预警雷达关键性能指标参数

性能指标		雷达型号	
		JZ/RFEW - 8721	JZ/RFEW - 8721m
工作频段		L	L
探测距离 (RCS＝2 m² 的直升机、战斗机)		100 km	50 km
探测精度	方位	0.5°	0.5°
	俯仰	1°	1.5°
	距离	30 m	30 m
功耗		≤3 500 W	≤2 000 W
天线阵面尺寸		≤3 000 mm×2 000 mm	≤2 000 mm×1 000 mm
设备重量		≤400 kg	≤180 kg

2. 干扰设备

(1) JZ/PJ - 1010 型便携式干扰设备

JZ/PJ - 1010 型便携式干扰设备可由单人手持操作,通过对无人机的遥控信号、图像信号和 GPS 位置信号进行干扰,实现对无人机的拦截处置。该设备还可以选配便携式引导终端 App 以接入反无人机系统,实时接收显示系统下发的可用于指示无人机目标位置的信息,如图 38 - 3 所示。JZ/PJ - 1010 型便携式干扰设备关键性能指标参数见表 38 - 3 所列。

表 38 - 3　JZ/PJ - 1010 型便携式干扰设备关键性能指标参数

图 38 - 3　JZ/PJ - 1010 型
便携式干扰设备

性能指标	参　数
工作频段	1.5 GHz/2.4 GHz/5.8 GHz
干扰距离	通视条件下(对大疆精灵 4 无人机): ≥2 km(干通比 5:1)
持续工作时间	≥4 h

(2) JZ/FJ - 1020 型固定式干扰设备

JZ/FJ - 1020 型固定式干扰设备可在系统目标信息引导下快速指向目标,向无人机发射精确压制干扰信号,对无人机的通信遥控信号和卫星导航信号进行干扰压制,切断无人机导航链路和遥控链路,迫使其返航、迫降等,实现目标的安全处置,如

图38-4所示。JZ/FJ-1020型固定式干扰设备关键性能指标参数见表38-4所列。

图 38-4　JZ/FJ-1020 型
固定式干扰设备

表 38-4　JZ/FJ-1020 型固定式干扰设备关键性能指标参数

性能指标	参　数
干扰频段	100~6 000 MHz
干扰距离	通视条件下(对大疆精灵 4 无人机):≥5 km(干通比 10:1)
重量	≤100 kg

3. 导航诱骗设备

JZ/SDJ-1010 型卫星导航诱骗设备

JZ/SDJ-1010 型卫星导航诱骗设备可通过高精度模拟真实卫星导航信号,对各类型采用卫星导航定位的"低慢小"飞行器实施导航诱骗干扰,定向驱离,从而防止目标侵入防御区域,主要用于要地小、微型无人机等"低慢小"飞行器主动防御,如图 38-5 所示。JZ/SDJ-1010 型卫星导航诱骗设备关键性能指标参数见表 38-5 所列。

表 38-5　JZ/SDJ-1010 型卫星导航诱骗设备关键性能指标参数

图 38-5　JZ/SDJ-1010 型
卫星导航诱骗设备

性能指标	参　数
诱骗频段	GPS L1:1 557.42 MHz; GLONASS L1:1 602 MHz; BDS B1I:1 561.098 MHz; (选配)2.4 GHz/5.8 GHz 测控链路干扰信号; ＊以上频段可根据需求选择配置
作用距离	导航驱离:200 m~3 km 可配置; 测控链路干扰:200 m~1 km 可配置(选配件)
尺寸	≤430 mm×350 mm(不含三脚架)
重量	≤10 kg(不含选配件)

4. 反无人机指挥控制终端

反无人机指挥控制终端由指挥控制、态势展示、情报处理等 3 个席位及 1 个情报信息融合处理服务器组成,分别运行指挥控制软件、态势展示软件、情报处理软件和情报信息融合服务软件,如图 38-6 所示。系统可实现多设备控制、协同引导,目标态势展示、数据融合、识别分类、威胁判证、辅助决策,情报传输,态势回放,数据检索统计等功能,为指挥员提供完整的战场态势感知,支撑指挥员获得信息优势和决策优势。通过高效指挥协同各设备之间相互引导、相互印证、优势互补,完成核心区域反无人机任务。系统适用于城市防空、重要目标防护、重大军事演习等各类场景。

图 38 - 6　反无人机指挥控制终端

特殊情况下,系统编配 3 名操作手值班,分别对 3 个终端进行操作,指挥控制席位的操作手具有最高权限,可通过系统设置分配其余 2 个席位的允许/禁止操作权限。日常值班时,系统编配 1 名操作手控制指挥控制席位实现全系统的操作。

5. JZ/FK - CUAS 反无人机车载系统

JZ/FK - CUAS 反无人机车载系统可独立实现对低空、超低空的无人机探测和对小微无人机的快速反制;也可作为移动指挥所与激光、微波等硬毁伤武器组成防御网,对入侵防御区域的无人机进行软杀伤和硬打击,确保核心要地等场地的低空安全。

该系统包含了雷达探测设备、无线电侦测设备、光电探测设备、电磁干扰设备、指控系统和车载辅助设备等。系统以车载平台的形式集成运行,可满足快速机动作战需求,如图 38 - 7 所示。JZ/FK - CUAS 反无人机车载系统关键性能特点见表 38 - 6 所列。

图 38 - 7　JZ/FK - CUAS 反无人机车载系统

表 38-6 JZ/FK-CUAS 反无人机车载系统关键性能特点

系统组件	模 块	参数特点
探测和识别	雷达探测	在 $Pd \geqslant 0.8, Pf \leqslant 10^{-6}$ 时,对 $RCS=0.01 \ m^2$ 的目标(典型目标大疆精灵 4)的最大探测距离 $\geqslant 5 \ km$
	无线电侦测	覆盖频段 300 MHz～6 GHz,自动检测频段:433 MHz、915 MHz、2.4 GHz、5.8 GHz 常见无线通信频段
		在通视无遮挡条件下对大疆精灵 4 无人机的最大侦测距离 $\geqslant 3 \ km$,并可显示识别出目标的频率和类型
	光电跟踪识别	能见度 23 km,相对湿度 $\leqslant 50\%$,温度 25 ℃标准气象条件下
		可见光:对大疆精灵 4 无人机锁定跟踪和识别的距离 $\geqslant 3 \ km$
		红外:对大疆精灵 4 无人机锁定跟踪和识别的距离 $\geqslant 1 \ km$
干扰处置	压制干扰	对采用 433 MHz、915 MHz、2.4 GHz 和 5.8 GHz 4 种常用无线通信频段无人机(典型目标大疆精灵 4)的最大干扰距离 $\geqslant 3 \ km$
		对采用 1.5 GHz 商用卫星导航频段的无人机最大导航干扰距离 $\geqslant 3 \ km$
	卫星导航诱骗	对采用商用卫星导航频段的无人机最大导航诱骗距离 $\geqslant 3 \ km$,支持对目标实施定点诱骗

二、湖南华诺星空电子技术有限公司

(一) 公司基本介绍

湖南华诺星空电子技术有限公司[1](以下简称华诺星空)成立于 2006 年,总部坐落在美丽的星城长沙,在长沙、成都设有研发中心,另在北京、上海、深圳、山东、四川、西安等十几个省市设子公司或办事处。该公司较早地建立了 ISO9001 质量管理体系及 ISO14001 环境管理体系,并通过了高新技术企业认定及软件企业认定。

华诺星空重点研究安防反恐、搜索救援、车辆安全等领域的未来核心尖端技术,研究对国家发展具有重大战略意义和对人类社会产生重大影响的应用领域。华诺星空拥有一个省级创新创业团队——"电磁探测与感知"科技创新创业团队,即以超宽带雷达技术、毫米波雷达技术、光电技术为特色,充分融合电子信息、嵌入式计算领域各学科的先进技术。该公司目前的产品族群主要以全域安防、安全应急、智能感知、无人机应用等四大产品线为主。华诺星空在公安、边防、武警、人防、应急、司法、机场、石化、电力等领域中,提供专业的产品和解决方案。

1　来源于湖南华诺星空电子技术有限公司官网,http://www.novasky.cn/Aboutlls/index.aspx。

华诺星空的愿景是成为"反恐、救援、公共安全领域"的领军企业以及该领域世界级的电子设备供应商和系统集成商。华诺星空依托自身的核心技术优势,在超宽带(Ultra Wide Band)雷达和毫米波(Millimeter Wave)雷达领域确立了国际先进、国内领先的地位,已获得近30项国家授权专利。华诺星空的销售网络遍布全国31个省直辖市自治区及香港、澳门特别行政区。产品远销欧洲、南美、中东、东南亚、日韩等30多个国家和地区。

据官网介绍,该公司目前研发的主要产品有10个系列,其中与反无人机领域关联的产品皆属于低空反制型装备,包括雷达、干扰设备、管制设备、防御系统等,以干扰作为反制方式的反无装备是该公司研发和投入较多的装备,且各个干扰器产品的专长方向不同,在反制方式上有更多的结合。对华诺星空低空防御产品的介绍如图 38-8 所示。

低空监视雷达

自研产品,具有对低空小目标的远距离发现能力、高识别能力以及低虚警率。

频谱探测设备

自研产品,对无人机数传信号进行识别和定位。具备无辐射、远距离探测、黑白名单识别等优点。

全向干扰器

自研产品,全向发射电磁波干扰无人机导航或数传信号使无人机产生迫降或返航的效果。

光电干扰一体机

自研产品,集成了光电跟踪单元和定向干扰单元,基于二维转台实现对无人机目标的取证跟踪和全方位管控。

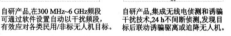

全频软件定义干扰器

自研产品,在300 MHz~6 GHz频段可通过软件设置自动以干扰频段,有效应对各类民用/非军用无人机目标。

诱骗式主动防御系统

自研产品,集成无线电侦测和诱骗干扰技术,24 h不间断侦测,发现目标后联动诱骗驱离或迫降无人机。

高能微波反无人机蜂群

自研产品,定向辐射高功率电磁波,可干扰目标无人机的主板单元、电机、传感器等模块,使得元器件失效,以非致命的方式迫降无人机。

侦打一体干扰枪

自研产品,集侦测、跟踪、取证、显控、反制、联网功能为一体,既可单兵机动执勤,也可结合指控终端执行分布式协同安保任务。

图 38-8 华诺星空低空反制产品介绍

(二) 公司产品和基本参数

1. 低空防御

低空防御系统的主要用途是对入侵的"低慢小"无人机进行探测、跟踪和管控。首先通过无线电探测设备和低空防御雷达,发现、识别、定位无人机;然后通过光电设备精确跟踪无人机并实现视频取证;最后通过压制干扰设备和导航诱骗设备,中断入侵无人机和遥控器之间的遥控信号、数传图传信号、导航定位信号,实现对入侵无人机的驱离或迫降,保护重点要害单位和关键基础设施的低空安全。系统拥有自主开发的指控平台软件,支持国产计算机、系统软件和应用软件,广泛应用于公安、司法、军队、电力、石化、机场、工业园区、政要住所等行业和场景。华诺星空低空防御系列产品应用路径如图 38-9 所示。

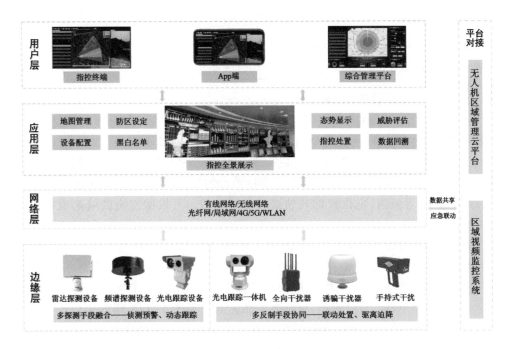

图 38-9　华诺星空低空防御系列产品应用路径

（1）雷达探测设备 SC-R5000

雷达探测设备 SC-R5000 是一款方位机扫、俯仰维频率扫描的脉冲多普勒体制三坐标雷达，主要用于对低空飞行器进行探测定位，如图 38-10 所示。该雷达可以精确探测目标的空间位置，配接光电系统，可与干扰、激光武器、导航诱骗等反制设备级联，为其提供精确的目标位置信息。

雷达探测设备 SC-R5000 轻质便携，其小型化设计便于快速安装。该雷达可全天候无人值守，实现低空、超低空目标的距离、方位角、高度、速度多维精准探测，具备对超低空、慢速小目标的高发现能力、高适应性以及低虚警率。其性能参数见表 38-7 所列。

图 38-10　雷达探测设备 SC-R5000

表 38 - 7　雷达探测设备 SC - R5000 关键性能参数

性能指标	参　数	性能指标	参　数
工作频段	Ku 波段	距离精度	≤10 m
扫描方式	俯仰电扫描＋方位机械扫描	方位精度	≤0.6°
探测半径	>5 km(微型无人机 RCS＝0.01 m²)	俯仰精度	≤0.6°

(2) 全频段探测设备 SC5000＋

全频段探测设备 SC5000＋主要由阵列天线、射频电路、多通道同步接收机、GNSS 定位模块等组成,可实现全频段频率范围的无人机侦测发现,如图 38 - 11 所示。设备基于"到达角度测距(Angle - of - Arrival,AOA)＋到达时间差(Time Difference of Arrival,TDOA)"复合定位技术,对多站范围内和范围外的无人机具备侦测预警、型号识别、定位跟踪与轨迹回放等功能。可根据监测区域范围自由扩容任意数量的探测设备。

全频段探测设备 SC5000＋可实现全天候、全方位的监测,适用于复杂的电磁、气候环境,不受雷电、雾霾天气、夜间视距影响。该设备具备全频段侦测能力,可准确识别绝大多数消费级无人机、Wi - Fi 类玩具机等百余种机型。其装配的复合无源定位技术既可单站 AOA 测向测距,也可多点部署组网实现 TDOA 精准定位。且基于其较强的环境学习能力,可对非信号特征库无人机进行现场快速建库,更新扩容现有特征库。其性能参数见表 38 - 8 所列。

表 38 - 8　全频段探测设备 SC5000＋关键性能参数

图 38 - 11　全频段探测
设备 SC5000＋

性能指标	参　数
探测信号类型	无人机数传信号、无人机遥控信号、Wi - Fi 体制无人机信号
探测频段	无人机图传/数传/遥控频段
单站探测半径	≥5 km(空旷环境,无人机发射功率 0.1 W)
侦测范围	水平 360°全方位
连接方式	以太网接口
供电要求	AC220V±10％,50 Hz

该公司相关的低空产品探测威力范围参数对比见表 38 - 9 所列。

表 38 - 9   低空产品探测威力范围参数对比

型 号	SC - S3000/S5000+	SC - R3000	SC - R2000	SC - R5000	SC - R8000
工作频段	全频侦测	Ku 波段	Ku 波段	Ku 波段	Ku 波段
探测距离	3 000 m/5 000 m	3 000 m	2 000 m(无人机), 5 000 m(地面)	5 000 m	8 000 m
探测角度	360°	360°	360°	360°	360°

(3) 便携式无人机管制设备 SC - SJ1000M

便携式无人机管制设备 SC - SJ1000M 是一款侦打一体手持干扰器,集侦测、取证、反制、显控、供电、联网于一体,解决了传统手持式干扰器只能依靠目视发现无人机,工作量大、易发生漏警误报等问题,该设备尺寸小、重量轻,具备良好的机动性,可满足重要会议、大型活动、固定场所日常巡逻等低空防护需求,如图 38 - 12 所示。便携式无人机管制设备可

图 38 - 12   便携式无人机
管制设备 SC - SJ1000M

与反无人机系统指控终端(App)、后端指挥管理平台多级互联,结合其他无人机反制设备分布式部署,实现信息融合智能化,平台管理统一化,资源利用合理化,构建新型城市无人机监管网络。

便携式无人机管制设备 SC - SJ1000M 基于移动互联网技术,可组网接入后端平台多台设备;其任务协同作业概略测向采用无线电侦测体制,可对市面上主流无人机进行侦测发现。该设备内置软件定义干扰器,可根据主流无人机频段自定义配置干扰频点和干扰。其性能参数见表 38 - 10 所列。

表 38 - 10   便携式无人机管制设备 SC - SJ1000M 关键性能参数

性能指标	参 数
工作模式	侦测、跟踪、取证、显控、反制、联网多功能一体
作用距离	≥2 km(空旷环境),0.5~1 km(城郊环境)
探测频段	无人机图传/数传/遥控频段
干扰频段	无人机图传/数传/遥控频段,可软件自定义频段
信息显示	支持 LED 屏显示/移动终端(App)互联,可显示无人机信号幅值、来向、型号等信息

(4) 诱骗式主动防御系统 SC - SG1000

诱骗式主动防御系统 SC - SG1000 集无线电侦测和诱骗干扰功能于一体,单套系统同时具备侦测与诱骗反制两项功能,如图 38 - 13 所示。诱骗式主动防御系统侦

测单元对无人机的上下行遥控信号、数据图传信号进行侦测识别,实现对无人机的入侵预警,同时联动诱骗干扰单元发射模拟卫星导航信号,对无人机进行导航诱骗,使入侵防御区域的无人机"迷路",无法按照预定路径飞行,从而实现对无人机禁飞区域进行管控。其性能参数见表38-11所列。

图 38-13　诱骗式主动
防御系统 SC-SG1000

表 38-11　诱骗式主动防御系统 SC-SG1000 关键性能参数

性能指标	参　　数
探测距离半径	半径≥3 km(辐射源功率 0.1 W)
探测频段	无人机图传/数传/遥控频段
诱骗频段	无人机导航频段
侦测范围	水平 360°
诱骗干扰半径	500 m≤r<1 000 m,且 500 m 以内可调
启动时间	≤5 min
防爆等级	Ex d IIC T6 Gb

(5) 光电干扰一体设备 SC-JC3000＋

光电干扰一体设备 SC-JC3000＋主要通过发射电磁波干扰无人机卫星导航信号或阻断无人机与遥控器间通信链路,从而使无人机迫降或返航。该设备采用一体式设计,整机由干扰器、光电跟踪单元、智能变速云台及安装支架组成,安装简易,可采用固定杆安装,也可采用三角架快速架设,如图38-14所示。该设备集成的干扰单元是一款软件定义干扰器,可根据主流无人机频段自定义配置干扰频点和干扰带宽,支持多干扰信道独立或组合输出。光电跟踪单元可配置可见光和热成像双光摄像头,具备全天时(白天/夜间)跟踪取证能力。光电干扰一体设备 SC-JC3000＋能实现全天时管控,可在昼夜环境下识别跟踪飞行目标动态、取证记录目标轨迹。该设备还具备多频段干扰能力,覆盖市面绝大部分无人机通信和导航频段。其性能参数见表38-12所列。

图 38-14　光电干扰一体
设备 SC-JC3000＋

表 38-12　光电干扰一体设备 SC-JC3000＋关键性能参数

性能指标	参　　数
干扰半径	1～3 km 可选配(0.1 W 辐射源)
干扰频段	无人机图传/数传/遥控频段
分辨率	1 920×1 080(可见光)/640×480(热成像)可选配
跟踪距离	1～2 km 可选配
干通比	>10:1
干扰角度	360°(云台实现)
干扰生效时间	≤3 s

（6）城市网格化无人机监管解决方案

　　面对日益复杂的城市无人机应用场景,华诺星空基于低空防御系列中的雷达、干扰频谱探测等产品提出了城市网格化无人机监管解决方案。对城市通用空域进行网格化管理,对不同的区域网格进行等级划分,对重点管控网格空域采用无人机反制系统进行探测与反制,实现无人机定位、识别、驱离、飞手定位等功能。通过"频谱+光电"和"雷达+光电"融合方案,建设城市网格化无人机监控平台,实现城市低空空域的集中统一监管,如图 38-15 所示。

图 38-15　城市网格化无人机监管解决方案

> 支持网格化、一体化监管,平台支持与城市视频专网进行对接,迅速在特定范围内对无人机飞手进行快速定位与身份确认。

> 宽频段多机型准确识别,全频段全方位探测,支持环境学习现场建库,实现新型无人机快速识别。

> 无缝平滑增量部署,支持监测站点增量部署,无须系统升级即可无缝扩容监测区域。

> 多网格数据融合处理多监测站点智能选择和切换,实现更优多路数据融合和分析处理。

> TDOA+AOA 混合精准定位,监测站点分布式部署,多站区域内和多站区域外精准识别定位。

图 38-16 所示为"雷达＋光电"融合方案。

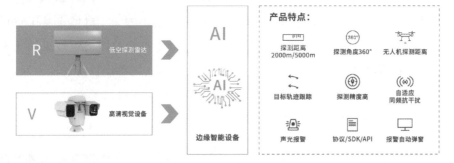

应用领域:智慧边境、智慧军营、智慧司法、能源、电力、水利、油库等要地入侵防护。

图 38-16　"雷达＋光电"融合方案

图 38-17 所示为"频谱＋光电"融合方案。

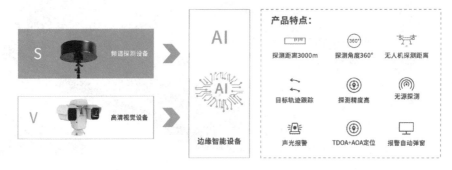

应用领域:智慧边境、智慧军营、智慧司法、能源、电力、水利、油库等要地入侵防护。

图 38-17　"频谱＋光电"融合方案

2. 察打一体反无人机系统无人机管制车

察打一体反无人机系统无人机管制车旨在提供全面探测、作用高效、高度集成的车载无人机探测与管控系统,可对微小型和更大尺寸的无人机进行及时预警和探测跟踪,能够有效拦截管制,为执法部门保障各项任务提供强有力技术支撑。该车载反无人机系统主要由雷达探测设备、频谱探测设备、光电跟踪设备、定向干扰设备、全向干扰设备以及侦打一体干扰枪组成,如图 38-18 所示。雷达探测设备发现目标、及时预警,干扰设备对无人机目标进行管控处置,光电设备实时跟踪记录无人机目标影像,全向干扰设备对无人机集群攻

图 38-18　察打一体反无人机系统无人机管制车

击实施全向反制,系统前端设备通过车载指挥中心进行数据交互处理,实现车载平台统一指控管理。察打一体反无人机系统无人机管制车也可以改装成 SUV 版本,如图 38-19 所示。其性能参数见表 38-13 所列。

图 38-19　察打一体反无人机系统无人机管制车 SUV 改装

表 38-13　察打一体反无人机系统无人机管制车关键性能参数

性能指标	参　数
探测距离	≥3 km
干扰距离	≥3 km
光电距离	≥1 km(可适配)
底盘类型	SUV、皮卡、厢式车
扩展系统	无人机机场

性能特点:

➢ 功能一体化,集成目标探测、目标识别、跟踪定位、指挥控制、干扰处置功能于一体,集成度高,功能强大。

➢ 轻型机动,布防迅速,基于车载平台,系统具备良好的机动性,完全适用于紧急情况下快速到达现场、免安装、易部署的任务需求。

➢ 全天候、全天时、全方位,适用于复杂的电磁、气候环境,不受雷电、雾霾天气、夜间视距影响,可实现 7×24 h 360°全方位监测和反制。

➢ 可视化追踪记录,核心区域实现环境和目标的静态和动态全景高分辨成像,可对目标进行大范围跟踪监控、影像记录。

➢ 事件实时存储,系统可记录回放报警信息,包括入侵目标数量、入侵时间、入侵方位、飞行轨迹等数据,自动生成预警和管控报告,方便通勤人员分析取证。

三、融鼎岳(北京)科技有限公司

(一) 公司基本介绍

融鼎岳(北京)科技有限公司[1](以下简称融鼎岳)成立于 2012 年,总部位于北京市海淀区,是专业从事智能无人系统、雷达电子和通信对抗装备创新研发的高科技企业,在平谷设有研发生产基地。该公司的研发团队由智能装备领域内的国家级院士带领,在高新技术领域有丰富的创新研发经验;该公司构建的产品质量、环境和职业健康管理体系,符合研发生产企业的资质要求,且拥有各种军工资质。在无人机、

1　来源于融鼎岳(北京)科技有限公司官网,http://www.rdybj.cn。

雷达动态目标识别、电子侦察与对抗、无线电协议破解、反无人机总体技术等领域内，有多项科研成果获得发明专利、新型实用型专利和软件著作权。

该公司研发的产品具有自动化程度高、人机交互简便、支持移动平台自动起降、起降条件简易、反应迅速、使用灵活等特点；可在国防军事、公安民防、应急反恐、城市管理、电力石油、农林水利、地质环保等领域，完成日常巡查、违法取证、航拍测绘、突发事件处置等任务。

> 融鼎岳（北京）科技有限公司是国家高新技术企业、中关村高新技术企业、北京市"民参军"骨干企业；自主研发了 10 余种专业产品，拥有公安部设备检验报告等资质证书，入选为公安部安防产品合格供应商。
>
> 该公司研发的无人机反制产品较多，其中"手持式无人机预警管制设备"是国内首款"察打一体"的无人机反制设备，获得国家实用新型专利，填补了国内无人机反制产品的空白；"玄武低空安全防御系统"在军委科技委组织的"无形截击－2018"挑战赛的公开赛、进阶赛中均获第二名。该公司产品获得了军队、公安部门及国内外客户的一致肯定，属于公安部装备采购目录之一。

据官网介绍，融鼎岳的主要产品系列有无人航空器和低空安全两个系列，其中低空安全系列包括青龙系列和玄武低空立体安防系统。青龙系列中的产品组成了"青龙"自组网无人低空管控平台，该平台在装列方式上包括便携式、单兵背负式、车载式等多种；在反制方式上，以干扰、诱骗为多。

（二）公司产品和基本参数

1. "青龙"自组网无人低空管控平台

"青龙"自组网无人机低空管控平台提出了一种低空无人机预警与反制的系统解决方案，开发的侦测与反制设备、数据分析中心和云端无人机数据库一体，采用了自组网分布式模式，解决了对无人机低空预警探测与协同反制问题。

"基于自组网分布式无人机预警管制设备"是指设备可以利用计算机技术、网络技术，将分散的、不同种类的无人机管控设备连接起来，从而形成一张无人机管控的网。每个设备都在指控中心的协调指挥下，充分发挥着自己的效能，从单打独斗的管控模式进化到协同管控的模式，从而构建一个综合低空安全防御体系，如图 38－20 所示。在"青龙"自组网无人机低空管控平台的具体应用中，其根据用户对无人机侦测管控实际需要，结合现有反无技术手段以及云端无人机数据库等高新网络技术提出无人机预警管控解决方案。该方案主要由指控大厅（移动指挥控制终端）、数据分析处理中心和侦测管制设备三大部分组成，数据分析处理中心包括分析处理中心（超算中心）和云端无人机数据库两个部分，是整个系统的核心部分。该方案解决了原有针对遥控信号管制设备存在侦测设备与干扰设备分离、侦测管制设备各自为战、未能发挥设

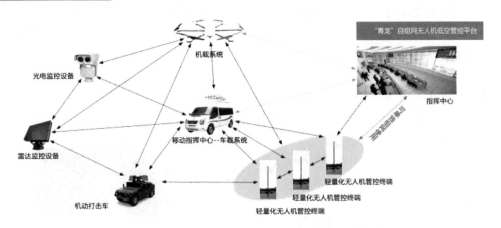

图 38-20 青龙 1 号自组网分布式无人机管控系统组成

备最大效能、统一指挥控制困难、管制区域态势不清晰明了等问题。青龙 1 号自组网
分布式无人机管控系统架构如图 38-21 所示。

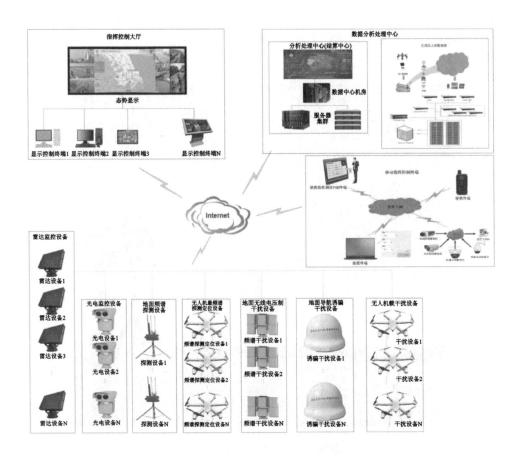

图 38-21 青龙 1 号自组网分布式无人机管控系统架构

(1) 青龙1号——手持式察打两用无人机管制设备

青龙1号——基于自组网分布式技术的轻量化无人机预警与反制设备,是集预警与反制为一体、探测与寻向为一体、自组网与轻量化为一体的手持式察打两用无人机管制设备,具有体积小、重量轻、功能多、操作简单等特点。该设备将无源探测、有源干扰和数字寻向模块小型化设计,与无线传输、电池管理等模块有机集成为一体,通过嵌入式计算机系统进行管理控制,如图38-22所示。

青龙1号集探测与干扰为一体,可实现察打一体、自动预警、概略测向等功能,在半径1 500 m范围内能够对90%以上的现市售无人机实施有效预警与管制;与其他同类产品相比,在不增加重

图38-22 青龙1号设备

量、不扩大尺寸的基础上,彻底解决了无预警功能,以及目视发现距离近、眼睛易疲劳、易漏警误事等突出问题。该设备具有安全可靠、察打一体、无源探测、自动预警、概略寻向、视距外打击、无线传输、屏幕显示、部署方式多样等优点,不仅可以直接手持使用,也可以以组网形式进行工作,如图38-23所示。其性能参数见表38-14所列。

图38-23 青龙1号部署完成

表 38 - 14　青龙 1 号关键性能指标参数

性能指标	参　数
工作频段	0.9、2.4、5.8 GHz、导航频段(可扩展)
侦察距离	>1.5 km
打击距离	>1 km
打击功率	<10 W
侦察空域	全向
寻向功能	具备概率测向功能
打击空域	定向
屏显	可在显示屏上显示探测无人机频率、品牌、类型,寻向的数值
无线传输	可通过 4G/5G 模块向指控系统传输探测到无人机的品牌、型号、频率以及位置等信息
自组网功能	可以接入指控系统,与其他探测、干扰设备同台工作,也可多台设备自行分布式组网
打击模式	驱离和迫降

(2) 青龙 2 号——便携式无人机防御系统

青龙 2 号是集探测、精准打击、大功率打击于一体的便携式无人机防御系统,具有安全可靠、无源探测、精准打击、黑白名单、远程控制等功能特点。设备主要由机械结构和电子设备两部分组成。机械结构主要包含设备外壳、拉杆箱、三脚架等;电子设备主要包含电源管理、阵列天线、接收机、信号处理、控制、告警等模块,干扰发射由 2.4 GHz、5.8 GHz、1.5 GHz 精准干扰模块和大功率干扰模块以及对应的干扰发射天线组成,如图 38 - 24 所示。

青龙 2 号将军用级别的无线电协议破解核心技术,应用到民用级别的无人机反制产品上,保留了自动预警、黑白名单、无人值守、自动决策等强大功能,沿用其高性能低功耗硬件平台;在实现功能的基础

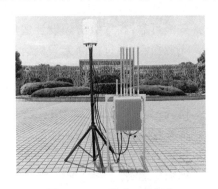

图 38 - 24　青龙 2 号设备

上,将价格千万的系统压减为百万级别,将重达千斤的系统缩减为百斤级别,将车载系统压缩到了拉杆箱里;该系统安装方式多样,既便携,又可固定,还可车载。其性能参数见表 38 - 15 所列。

表 38 - 15　青龙 2 号关键性能指标参数

性能指标	参　数
接收频段	70～6 000 MHz
打击频段	2.4、5.8 GHz 和导航频段(可扩展)
侦察距离	≤3 km
干扰距离	≥1.5 km
打击功率	精准打击 500 MW 至 4 W,大功率打击 20 W
识别能力	可识别市面 90% 以上无人机,并可显示其型号及唯一指纹
响应时间	检测≤10 s,打击≤5 s
连续工作时间	24 h
打击模式	驱离、迫降
重量	≤30 kg

(3) 青龙 5 号——无人机预警诱骗基站

青龙 5 号——无人机预警诱骗基站专为应对"黑飞"无人机带来的各种威胁而定制开发,设备通过辐射低功率导航诱骗信号,对采用 GPS、BDS、GLONASS 和 GALILEO 等导航的无人机坐标信息进行诱骗,使其无法飞入受保护区域,如图 38 - 25 所示。其性能参数见表 38 - 16 所列。

青龙 5 号的主要功能:
➢ 安全可靠:高等级防爆设计适用于易燃易爆的高危场所。
➢ 无源探测:通过探测无人机信息传输、控制信号发现"黑飞"无人机。
➢ 打击模式:对"黑飞"无人机实施导航干扰、诱骗。
➢ 无人值守:平时为探测模式,发现无人机后自动预警,自动转入导航诱骗模式。
➢ 远程控制:可实施远程操控,可调整打击时间、探测距离、打击距离等。
➢ 智能决策:可自定义告警策略、响应规则、智能数据中心,具备智能决策和自动响应能力。

青龙 5 号的主要优势:
➢ 针对性诱骗:发现无人机后自动辐射诱骗信号,平时无信号辐射。
➢ 适用范围广:对所有需要导航信号(民用频段)辅助控制的无人机均有效。
➢ 辐射功率小:10 dBm(10 mW),符合国家无线电监测中心功率辐射标准,对人体无伤害。
➢ 辐射功率可调节:适合各种范围需求,对保护区域外无影响。

表 38 - 16　青龙 5 号关键性能指标参数

图 38 - 25　青龙 5 号设备

性能指标	参　数
侦察频段	2.4、5.8 GHz（可扩展）
打击频段	1 574.9~1 575.9 MHz、1 560.9~1 562.9 MHz、1 601.6~1 602.2 MHz（GPS、BDS、GLONASS 和 GALILEO）
侦察距离	≤1.5 km（可调）
打击诱骗距离	≥1 km（可调）
打击功率	≤10 dBm（可调）
侦察、打击空域	全向
响应时间	检测≤10 s，打击≤20 s
打击模式	诱骗驱离
工作温度	-40~70 ℃
防护等级	IP66

（4）青龙 6 号——无人机预警干扰基站

　　青龙 6 号——无人机预警干扰基站通过辐射同频率的无人机遥控、图传、导航信号，实现对"黑飞"无人机遥控、图传、导航信号的压制，使其迫降或者返航，从而保护目标不受损害。该设备体积小、重量轻、功耗小，可挂载于建筑物顶部、广播通信铁塔、输电铁塔、路灯杆等，便于城市或野外组网使用，如图 38 - 26 所示。其性能参数见表 38 - 17 所列。

图 38 - 26　青龙 6 号设备

表 38 - 17　青龙 6 号关键性能参数

性能指标	参　数
侦察频段	2.4、5.8 GHz（可扩展）
打击频率	1.5、2.4、5.8 GHz
侦察距离	≤1.5 km（可调）
打击距离	≤1 km（可调）
侦察、打击空域	全向
响应时间	检测≤10 s，打击≤20 s
打击模式	驱离、迫降
工作温度	-40~70 ℃
防护等级	IP66

青龙 6 号的主要功能：

> 无源探测：通过探测无人机信息传输、控制信号发现"黑飞"无人机。

> 打击模式：对"黑飞"无人机的遥控、图传、导航信号实施干扰压制。

> 无人值守：平时为探测模式，发现无人机后自动预警，自动转入干扰反制模式。

> 远程控制：可实施远程操控，可调整打击时间、探测距离、打击距离等。

> 智能决策：可自定义告警策略、响应规则、智能数据中心，具备智能决策和自动响应能力。

青龙 6 号的主要优势：

> 触发式干扰：发现无人机后自动辐射干扰信号，平时无信号辐射。

> 适用范围广：对无人机的遥控、图传、导航信号均有效。

> 辐射功率可调节：适合各种范围需求，对保护区域外无影响。

> 无人值守：开机后无须人工干预，自动发现、自动干扰。

2. 玄武低空立体安防系统

玄武低空立体安防系统是我国第一代高度信息化、集成化、智能化、完全拥有自主知识产权的低空立体安防系统，具有全天候、全天时、大范围、可持续工作、适应性强的功能特点，如图 38-27 所示。该系统集目标探测发现、识别定位、跟踪预警、监事取证、防卫反制等功能于一体，可实现空地联合、察打一体的主被动立体安防，能有效遏制和反制以无人机为手段的各种恐怖活动和违法行为。玄武低空立体安防系统构成见表 38-18 所列。

表 38-18　玄武低空立体安防系统构成

图 38-27　玄武低空立体安防系统

子系统	功　能
探测识别	大范围、全天候、无死角不间断扫描，发现并识别低空空域和地面目标
跟踪取证	对进入防空识别区的无人机和鸟类进行跟踪及拍照取证
防卫反制	对进入防空识别区的无人机进行干扰、驱离和打击
指挥控制	综合态势显示，系统配置管理，辅助决策等

玄武低空立体安防系统集成有源数字多波束雷达、频谱探测、光电跟踪识别取证、定向频谱干扰炮、全向/定向导航诱骗、高功率定向能武器和其他打击/捕获武器等，可机动或固定部署，主要用于保护机场、核电站、阵地、大型活动现场等，可探测发现 10 km、跟踪识别 8 km、取证 5 km、有效打击 5 km 的典型无人机目标。玄武低空安全防御系统具有目标发现能力强(多至 1 000 批)、目标跟踪精度高(三维误差在

30 m 内)、软打击手段多、硬毁伤精准可控、指挥控制高效智能等特点,能够全天候无人值守工作,并可实现空地联合、组网协同、察打一体的主被动低空防御。其工作示意图如图 38 - 28 所示。

图 38 - 28 玄武低空安全防御系统探测工作示意图

四、上海特金无线技术有限公司

(一)公司基本介绍

上海特金无线技术有限公司[1](以下简称上海特金)创立于 2003 年,有着 20 余年的无线电感知与目标识别定位等相关领域的技术积累与行业经验。在无人机反制领域,上海特金基于无线电感知和频谱大数据分析技术,通过提供低空安全管控解决方案,乃至建设智慧城市地空一体化立体安防新型基础设施,帮助实现城市低空空域精细化治理。

上海特金在无人机侦测、识别、定位、跟踪及管制等方面都有相关产品,据其官网介绍,该公司是国内首家将 TDOA(TDOA 是一种无线定位技术,利用无线电信号到达不同监测站的时间差进行定位)网格化无人机管控技术进行产品化和大规模商用的科技企业,其研发的 TDOA 城市级网格化无人机管控解决方案,支持大规模组网和大区域无缝覆盖,集"远距预警、精准定位、全程跟踪、自动拦截、高效控制和全时守卫"于一体,能应用于社会公共安全的各个领域,帮助实现精细化低空空域治理。

---

1 来源于上海特金无线技术有限公司官网,https://www.terjin.com。

上海特金在多项核心技术上实现创新与突破,先后获得近百项专利和软件著作授权,引领国标、国军标、民航行业的标准制定,曾获国家科技进步奖、国际电联 ITU Telecom World 全球最佳创新奖(2017 年)。上海特金产品成功为 70周年国庆阅兵、第七届世界军人运动会、北戴河暑期会议、澳门回归 20 周年庆典、央视春晚、G20 峰会、世界互联网大会、世博会等系列特大型活动提供低空安全保障和无线电环境监测服务。领先的技术和服务受到用户单位和主管部门的高度评价,被誉为"低空防御专家,家国和平卫士"。

上海特金官网介绍的主要产品超过 10 项,大致可分为侦测反制系统、固定式侦测反制装备、便携式侦测反制装备和车载式察打一体装备等四类,可装备的平台包括车载、便携和固定式;多数以 TDOA 无源侦测为基础,结合雷达、光电等侦测方式;对无人机的反制方式上主要为主、被动相结合的电磁干扰;大多产品集侦测、定位、管制为一体。

(二) 公司产品和基本参数

上海特金主要反无人机见表 38-19 所列。

表 38-19   产品总目录

产品系列		具体装备
便携式侦测反制装备		便携式无人机侦测测向装备、便携式无人机反制装备
车载式察打一体装备		车载无人机侦测管制一体化装备
TDOA 系列	侦测装备	TDOA X1A 型无人机侦测装备、TDOA X1B 型无人机侦测装备
	反制装备	固定频段无人机反制装备
	侦测防御系统	TDOA X4 无人机侦测定位系统、TDOA X5 无人机侦测定位管制系统、TDOA 多源融合无人机管控系统、TDOA 城市级网格化无人机管控系统

1. 便携式侦测反制装备

(1) 便携式无人机侦测测向装备

便携式无人机侦测测向装备主要用于无人机侦测、识别与预警,可选配无人机测向功能配件。该设备适用于临时重大安保任务、园区巡检、边防、海防等场合的无人机防控作业,如图 38-29 所示。该设备可以接收无人机信号,基于频谱感知和深度学习技术实现可疑信源的探测识别。当判定为无人机时,设备可通过声光方式告警,提示执勤人员迅速采取措施。

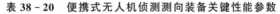

设备可扩展无人机测向功能,全向天线更换为测向天线后,可确定目标的大致方向。其性能参数见表 38 - 20 所列。

表 38 - 20　便携式无人机侦测测向装备关键性能参数

图 38 - 29　便携式无人机
侦测测向装备

性能指标	参　数
工作模式	无线电探测
工作频段	全向天线:1.1 GHz、1.2 GHz、1.4 GHz、2.4 GHz、5.8 GHz 等无人机常用频段
	测向天线:2.4 GHz、5.8 GHz
侦测距离	全向天线 0.7~1.2 km
	测向天线 2~3 km
测向扩展	可选配测向天线
测向精度	方位角误差<15°(1 km 处)
设备尺寸	侦测设备(长×宽×高):240 mm×66 mm×48 mm;测向天线(长×宽):300 mm×217 mm
设备重量	侦测设备≤800 g;测向天线≤310 g
工作温度	−20~55 ℃

产品特点:

➤ 小巧轻便。体积小、重量轻,便于随身携带。

➤ 识别机型多。可识别主流、Wi - Fi、穿越机等多种机型。

➤ 虚警率低。平均虚警率<1 次/天。

➤ 无源侦测。不主动发射电磁信号,环境友好,隐蔽性高。

➤ 探测距离远。全向天线为 0.7~1.2 km,测向天线为 2~3 km。

➤ 侦测测向。可选配测向天线,扩展测向功能。

➤ 续航能力强。内置高品质电池,工作时间长。

➤ 坚固耐用。加固型设计,抗震防摔。

➤ 模块化设计。可独立使用,也可与干扰反制枪协同作业。

➤ 实时屏显。屏幕实时显示无人机身份信息。

(2) 便携式无人机反制装备

便携式无人机反制装备是反无人机手持装备。该装备主要通过发射特定频段的电磁波对无人机进行干扰反制,从而阻断无人机的飞控链路、信号传输系统;可快速对无人机实施迫降或驱离,获得无人机反制效果,实现对"黑飞"无人机的有效管控,如图 28 - 30 所示。该设备随开随用,响应速度快。可单独使用,也可与无人机探测产品组成"察打一体"系统。其性能参数见表 38 – 21 所列。

图 38 – 30　便携式无人机
反制装备

表 38 – 21　便携式无人机反制装备关键性能参数

性能指标	参　　数
工作模式	无线电干扰
作用对象	飞控链路、导航信号
工作频段	900 MHz、1.5 GHz、2.4 GHz、5.8 GHz
作用距离	0.5～1 km(根据环境和机型不同会存在一定差异)
设备尺寸	L×W×H：760 mm×230 mm×80 mm
工作温度	−20～55 ℃
续航时间	120 min

产品特点：

➤ 多频段反制。可对各种无人机的通信、导航链路进行反制。

➤ 定向发射。定向发射无线电阻塞信号,能量集中。

➤ 灵活便捷。便携式设计,设备轻便,操作简单,机动性高。

➤ 反制距离远。反制距离达 0.5～1 km(根据环境和机型不同会存在一定差异)。

➤ 作用模式多样。可自主选择驱离/迫降模式。

➤ 续航力强。内置高品质电池,使用时间长。

2. 车载式察打一体装备

车载无人机侦测管制一体化装备

车载无人机侦测管制一体化装备是车载式无人机察打一体装备,它使用了频谱感知和无线电压制等技术,具备无人机侦测与无人机反制功能,可实现对"黑飞"无人机的侦测、识别和联动反制,适用于特勤反恐、治安巡逻、文体活动及边关海防等场景下的机动执法保障,如图 38 – 31 所示。该装备采用一体化工业设计,外形简洁隐蔽,能够灵活进行部署,可车载式

图 38 – 31　车载无人机侦测管制一体化装备

或固定式安装使用。其侦测和反制距离远,在城市环境可达 1～3 km。其性能参数见表 38 – 22 所列。

表 38 - 22　车载无人机侦测管制一体化装备关键性能参数

系统模块	性能指标	参　数
侦测单元	工作模式	无源侦测
	作用对象	无人机图传
	工作频段	100 MHz～6 GHz
	侦测距离	城市环境 1.5～5 km(根据环境和机型不同会存在一定差异)
	识别能力	可识别主流、Wi-Fi、穿越机以及模拟图传等 200 多种机型
	侦测数量	≥10 架次(同时)
反制单元	工作模式	无线电干扰压制
	作用对象	飞控链路、导航信号
	工作频段	900 MHz、1.5 GHz、2.4 GHz、5.8 GHz 等无人机常用频段,可独立控制,按需组合
	作用距离	城市环境 1～3 km(根据环境和机型不同会存在一定差异)
	响应速度	管控响应时间＜4 s
	反制方式	定向/全向模式

产品特点:

➢ 无源侦测。不主动发射电磁信号,环境友好。

➢ 察打一体。侦测反制联动,可自动识别打击目标。

➢ 作用距离远。侦测半径达 1.5～5 km,反制距离达 1～3 km(根据环境和机型不同会存在一定差异)。

➢ 一体化设计。侦测反制模块集成于一体,体积紧凑。

➢ 移动作业。可在高速移动状态下正常作业。

➢ 适配性强。适配不同类型车辆,轻度改装即可完成架设安装。

3. TDOA 系列

(1) 侦测装备

1) TDOA X1A 型无人机侦测装备

TDOA X1A 型无人机侦测装备是无人机探测固定装备,使用了 TDOA 频谱探测技术。单台装备可独立实现无人机的侦测、识别与预警,多台装备可组网实现无人机的精准定位和轨迹跟踪,如图 38 - 32 所示。该装备可接收无人机发出的无线电信号,利用深度学习技术进行特征分析,有效识别可疑目标身份。当确定有"黑飞"无人机时,平台会自动告警,提示管理人员迅速采取管控措施。其性能参数见表 38 - 23所列。

**图 38 - 32 TDOA X1A 型
无人机侦测装备**

表 38 - 23 TDOA X1A 型无人机侦测装备关键性能参数

性能指标	参　数
工作模式	无线电侦测,TDOA
作用对象	无人机图传、飞控链路
工作频段	100 MHz~6 GHz
侦测距离	城市环境 1~5 km(根据环境和机型不同会存在一定差异)
侦测数量	≥10 架次(同时)
防护等级	IP67(指主机,不含天线,防爆款主机为 IP68)

产品特点:

➤ 无源探测。不主动发射电磁信号,隐蔽性高。

➤ 超宽频谱监测。可实现 100 MHz~6 GHz 全频段实时频谱分析。

➤ 识别机型全。可准确识别大疆系列、Wi - Fi、穿越机等多种机型,可对自制机、穿越机、竞速机等非典型机型进行侦测、定位与追踪。

➤ TDOA 定位。支持多台设备组网实现 TDOA 定位。组网方式灵活,支持4G/5G 组网。

➤ 黑白识别。有效区分合作目标与非合作目标,包括同机型多架次蜂群的分离识别。

➤ 虚警率低。平均虚警率<1 次/天。

➤ 安装方式灵活。体积小,模块化,支持支架式、抱杆式、嵌入式等多种安装方式。

➤ 防爆设计。加强版结构,具备国家防爆认证。

2) TDOA X1B 型无人机侦测装备

TDOA X1B 型无人机侦测装备是无人机探测固定装备,使用了 TDOA 频谱探测技术。单台装备可独立发现识别无人机,多台装备可组网实现无人机的精准定位和轨迹跟踪,如图 38 - 33 所示。该装备采用特殊的天线设计,覆盖频带宽,侦测距离远,抗干扰能力强。其一体化的工业设计,适合于城市中复杂的部署环境,可实现无人机侦测与无人机监测管理。其性能参数见表 38 - 24 所列。

图 38 - 33　TDOA X1B 型
无人机侦测装备

表 38 - 24　TDOA X1B 型无人机侦测装备关键性能指标参数

性能指标	参　　数
工作模式	无线电侦测，TDOA
作用对象	无人机图传、飞控链路
工作频段	100 MHz～6 GHz
侦测距离	城市环境 2～6 km（根据环境和机型不同会存在一定差异）
侦测数量	≥10 架次（同时）

产品特点：

➢ 无源探测。不发射电磁信号，环境友好。

➢ 侦测距离远。侦测半径达 2～6 km（根据环境和机型不同会存在一定差异）。

➢ 抗干扰能力强。在城市复杂电磁环境下运行稳定。

➢ 识别机型全。可准确识别大疆系列、Wi - Fi、穿越机等多种机型，可对自制机、穿越机、竞速机等非典型机型进行侦测、定位与追踪。

➢ 虚警率低。平均虚警率＜1 次/天。

➢ 刷新率高。探测结果刷新周期＜1 s。

➢ 组网定位。支持多台设备自主组网，实现 TDOA 定位。

➢ 一体化设计。美观大方，便于安装使用。

➢ 黑白名单。有效区分合作/非合作无人机，包括同机型多架次蜂群的分离识别。

（2）反制装备——固定频段无人机反制装备

固定频段无人机反制装备属于反无人机固定装备，可用于非合作目标无人机的驱离与迫降。该装备基于无线电干扰和阻断原理，对无人机实行定向精准打击，有效切断无人机的通信指控及导航链路，迫使无人机返航或原地迫降，从而实现无人机反制效果，保障管控区域的低空安全，如图 38 - 34 所示。其性能参数见表 38 - 25 所列。

产品特点：

➢ 固定频段反制。可同时或独立对 900 MHz、1.5 GHz、2.4 GHz、5.8 GHz 等无人机常用频段进行压制。

➢ 反制距离远。作用距离达 1.5～3 km（根据环境和机型不同会存在一定差异）。

➢ 响应速度快。处置响应时间＜4 s。

➢ 察打联动。可与侦测设备联动，持续跟踪打击目标无人机。

➢ 次生干扰小。定向集中发射，对周边环境产生的次生干扰小。

图 38 - 34　固定频段
无人机反制装备

表 38 - 25　　固定频段无人机反制装备关键性能参数

性能指标	参　数
工作模式	无线电干扰压制
作用对象	飞控链路、导航信号
工作频段	900 MHz、1.5 GHz、2.4 GHz、5.8 GHz(可扩展)
作用距离	作用距离 1.5～3 km(根据环境和机型不同会存在一定差异)
覆盖角度	方位 0～360°,俯仰-30～60°(俯仰可调)
工作温度	-20～55 ℃

(3) 侦测防御系统

1) TDOA X4 无人机侦测定位系统

标准配置的 TDOA X4 无人机侦测定位系统是由 4 台 TDOA 频谱侦测装备与管控平台构成。系统使用了特金全球领先的 TDOA 时差定位技术,具备无人机侦测预警、型号识别、定位跟踪与轨迹回放等功能。该系统可自由扩展任意数量的频谱侦测装备如图 38 - 35 所示。其性能参数见表 38 - 26 所列。频谱侦测装备站点能实时感知识别周边可疑无人机通信信号,利用无人机信号到达不同站点的时间差,实现对目标无人机的持续锁定跟踪。

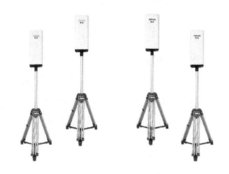

图 38 - 35　TDOA X4 无人机侦测定位系统

表 38 - 26　TDOA X4 无人机侦测定位
系统关键性能参数

性能指标	参　数
工作模式	TDOA 无源时差定位
作用对象	无人机图传、飞控链路
工作频段	100 MHz～6 GHz
监测范围	单套达 4～15 km^2
定位精度	≤30 m
侦测数量	≥10 架次(同时)
虚警率	<1 次/天

产品特点:

➢ 无源侦测。不主动发射电磁信号,隐蔽性高。

➢ 识别机型全、虚警率低。可准确识别大疆系列、Wi - Fi、穿越机等多种机型,虚警率<1 次/天。

➢ 定位准。定位误差在 30 m 内。

➤ 超宽频段监测。探测频段为 100 MHz～6 GHz。

➤ 黑白名单。可有效区分合作/非合作无人机。

➤ 多目标跟踪。支持多目标跟踪定位,实时显示各目标轨迹。

2) TDOA X5 无人机侦测定位管制系统

标准配置的 TDOA X5 无人机侦测定位管制系统由 4 台 TDOA 频谱侦测装备、1 台反制装备和管控平台组成。该系统具备无人机侦测识别、定位追踪和干扰压制等功能,可自由扩展任意数量的 TDOA 侦测装备和反制装备,如图 38 - 36 所示。其性能参数见表 38 - 27 所列。

图 38 - 36　TDOA X5 无人机
侦测定位管制系统

TDOA 侦测装备可对管控区域内无人机信号进行探测识别,装备之间可灵活组网并基于 TDOA 算法对信源进行定位。系统基于探测结果联动一至多台反制装备自动发射干扰压制信号,通过有效切断无人机的通信指控或导航链路,实现对无人机的驱离或迫降。

表 38 - 27　TDOA X5 无人机侦测定位管制系统关键性能参数

系统组成	性能指标	参　数
侦测识别装备	工作模式	无源侦测,多点 TDOA 定位
	作用对象	无人机图传、飞控链路
	工作频段	100 MHz～6 GHz
	监测范围	4～15 km^2(根据环境和机型不同会存在一定差异)
	定位精度	≤30 m
	侦测数量	≥10 架次(同时)
	虚警率	<1 次/天
反制设备	工作模式	无线电干扰压制
	作用对象	飞控链路、导航信号
	工作频段	无人机常用频段,包括 900 MHz、1.5 GHz、2.4 GHz、5.8 GHz
	作用范围	4～15 km^2(根据环境和机型不同会存在一定差异)
	响应时间	<4 s

产品特点:

➤ 六位一体。无人机"预案—预警—识别—定位—追踪—处置"六位一体。

➤ 无人值守。可无人值守,察打联动,自动识别跟踪打击目标。

➤ 管制区域大。单套侦测反制范围可达 4～15 km²。

➤ 无源侦测。不主动发射电磁信号，隐蔽性高。

➤ 识别机型全、准。准确识别大疆系列、Wi‑Fi、穿越机、等多种机型，虚警率＜1 次/天。

➤ 黑白名单。有效区分合作/非合作无人机。

➤ 多目标处置。支持多目标识别、跟踪和处置，实时显示各目标轨迹。

➤ 超宽频段监测。监测频段为 100 MHz～6 GHz。

➤ 多级防御。用户可定制多级防御区，实现分区分级管理。

3）TDOA 多源融合无人机管控系统

TDOA 多源融合无人机管控系统综合运用了多种技术手段，包含无源频谱探测、雷达探测、光学探测、无线电干扰、导航诱骗等功能，可实现对入侵的非法无人机目标的探测发现、定位追踪、有效处置，构建立体的多技术融合低空防御系统。TDOA 多源融合无人机管控系统是以 TDOA 频谱无源侦测为基础，雷达、光电等为补充，主被动相结合的探测，可实时监测部署区域内的低空飞行目标（包含静默状态下的无人机）。识别锁定目标后系统可联动无线电干扰或导航诱骗装备实施有效管制，TDOA 多源融合无人机管控系统如图 38‑37 所示。

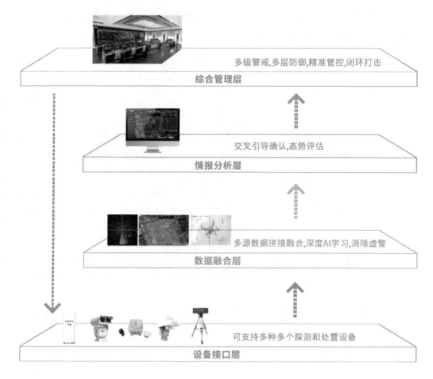

图 38‑37　TDOA 多源融合无人机管控系统

产品特点：

➤ TDOA 多源结合。构建以 TDOA 无源侦测为主,雷达、光电等侦测手段为辅的完整监测体系。

➤ 同界面显示。多种装备在同个界面上进行管理。

➤ 高效联动。基于探测识别结果,自动选择反制手段跟踪打击目标。

➤ 统一指挥。对所有侦测反制装备进行统一管理,协同指挥调度。

➤ 多重防护。对核心区采取多种手段联合防御,互为补充,重重防护。

➤ 多级防御。用户可定制多级防御区,实现分区分级管理。

➤ 无缝覆盖。多种感知技术融合,实现全域全息无死角监测。

➤ 灵活预案。系统提供多种防御组合策略,供用户灵活配置。

➤ 拓展方便。采用通用接口,便于融合多类型管控设备。

4) TDOA 城市级网格化无人机管控系统

TDOA 城市级网格化无人机管控系统可作为城市空域管理的新型基础设施,通过平滑扩容实现城市级大区域的 7×24 h 全天候监测和精细化管理,保障低空空域的安全有序。在大区域内部署多个 TDOA 智能无线电感知节点,任意相邻节点可组网形成网格单元,从而形成覆盖城市级大区域的低空感知网,TDOA 城市级网格化无人机管控系统典型部署概念图如图 38-38 所示。

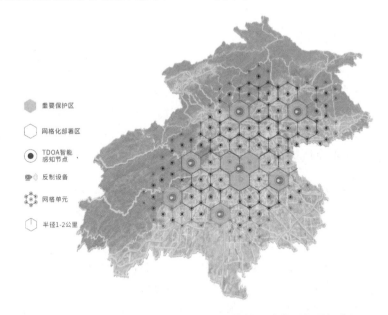

图 38-38 TDOA 城市级网格化无人机管控系统典型部署概念图

产品特点：

➤ 大区域网格化部署,实现精细管控,避免重复建设。

➤ 信息共享,不同网格单元的数据信息可实时共享,打破信息孤岛。

➢ 数据融合,可将不同网格单元监测数据智能分类处理,便于科学决策。

➢ 平滑扩容,系统可实现平滑扩容,自主选择感知节点,实现无缝覆盖。

➢ 高效联动,系统可基于探测结果进行智能决策与处置。

➢ 多级防御,用户可自主绘制多级防御区,实现分区分级管理。

➢ 多架次跟踪处置,支持多目标跟踪定位,实时轨迹显示,协同执法。

➢ 无人值守,7×24 h无人值守,察打一体,自动管制。

➢ 黑白名单,可有效区分合作/非合作无人机。

➢ 无源侦测,不发射电磁信号,隐蔽性高。

➢ 超宽频段监测。探测频段为100 MHz~6 GHz。

➢ 识别机型全、虚警率低。可准确识别大疆系列、Wi-Fi、穿越机等多种机型,虚警率<1次/天。

➢ 多频段反制。多个固定频段与定制频段组合,覆盖大部分机型。

➢ 大范围精准管制。定向发射,能量集中,单个网格有效管制范围达4~15 km²。

➢ 响应速度快。处置响应时间<4 s。

五、西安恒宇众科空间技术有限公司

(一) 公司基本介绍

西安恒宇众科空间技术有限公司[1](以下简称恒宇众科)成立于2017年8月,是专注于导航、制导与控制领域相关核心技术研发生产的高科技企业。公司研发的反无人机的"轨道参数"诱骗技术,能够在极短的时间内(不超过2 s)侵入来袭无人机飞控系统,接管来袭无人机的控制权,对其进行驱离、迫降、打击和阻止其执行原有飞行指令,在无人机低空防御方面具有巨大的市场需求。

> 恒宇众科将实现三年内在无人飞行器低空防御领域,通过将核心技术产业化,形成成本领先的战略优势及差异化竞争优势,占据市场主要份额,成为低空防御市场反无人机技术、产品、服务核心供应商。

恒宇众科现阶段产品定位在防御和安防领域,共8个应用层面,规划21型产品,目前已完成开发3个系列(金钟罩系列、后羿系列、雨燕系列)10型产品,并可实现批量生产。金钟罩系列主要以各改型为主,根据应用场景的特点实现对无人机的诱骗。后羿系列中最有代表性的系统是低空防御系统,反制方式主要是网捕和直接撞击。

1　来源于西安恒宇众科空间技术有限公司官网,http://china-space.cn。

（二）公司产品和基本参数

1. 金钟罩系列

金钟罩系列产品都是诱骗型主机。该系列产品在实现金钟罩信号模拟、诱骗和驱离等功能的基础上，又根据各类环境进行了适用功能的调整和添加，以便于在不同环境下对安全进行把控。金钟罩系列产品共分为三类，包括金钟罩系列-军用加固版、金钟罩系列-油田版和金钟罩系列-警用版。

（1）金钟罩系列-军用加固版

金钟罩系列-军用加固版适用于更加复杂的战场环境，是在金钟罩基础上进行了加固处理，如图 38 - 39 所示。金钟罩系列-军用加固版性能参数见表 38 - 28 所列。

表 38 - 28　金钟罩系列-军用加固版关键性能参数

图 38 - 39　金钟罩系列-军用加固版

性能指标		参　数
功耗		<30 W
监测接口		以太网；RJ45
作用距离		≤500 m（无遮挡情况下）
信号发射功率		10 mW
环境参数指标	储存环境温度	−40～80 ℃
	使用环境温度	−20～50 ℃
	使用环境湿度	≥85％

其功能指标参数见表 38 - 29 所列。

表 38 - 29　金钟罩系列-军用加固版功能指标参数

功能指标		参数要求
功能性指标	能够模拟产生 GPS、GLONASS、BD 星座信号	支持
	可实现禁飞区诱骗	支持
	可实现定向驱离	支持
	诱骗信号生效时间	3 s
	实现布设区域 24 h 全天候防护	支持
	发射功率符合国家电磁辐射防护标准	支持
	可与已有安保系统联网集成	支持
	系统采用三防设计，防浪涌	支持

功能指标		参数要求
参数性指标	工作频段	1.2~1.6 GHz
	设备启动时间	<40 s
	重量	<3 kg
	电源	−220 V±10%,50 Hz

(2) 金钟罩系列-油田版

金钟罩系列-油田版适用于油气田防爆、电力、水利行业,如图 38 - 40 所示。油气田生产厂区、平台、输送管道、储备库等核心区域上方的空域安全成为未来油气田生产安全工作的新挑战。以无人机为代表的无人机飞行器能够隐蔽、快速地飞抵核心区上空,对地面厂区设施造成安全隐患,无形中使得油气田的安全防范工作形成新的致命漏洞。对油气田自有的无人机可在卫星信号上做提前设置、对特定卫星做过滤,自有直升机等飞行器起降可部署定向设备规避干扰。金钟罩系列-油田版性能参数见表 38 - 30 所列。其功能指标参数见表 38 - 31 所列。

图 38 - 40　金钟罩系列-油田版

表 38 - 30　金钟罩系列-油田版性能参数

性能指标		参　数
功耗		<30 W
监测接口		以太网 RJ45
作用距离		≤500 m(无遮挡情况下)
信号发射功率		10 mW
环境参数指标	储存环境温度	−40~80 ℃
	使用环境温度	−20~50 ℃
	使用环境湿度	≥85%

表 38 - 31　金钟罩系列-油田版功能指标参数

功能指标		参数要求
功能性指标	能够模拟产生 GPS、GLONASS、BDS 信号	支持
	可实现禁飞区诱骗	支持
	可实现定向驱离	支持
	诱骗信号生效时间	3 s
	实现布设区域 24 h 全天候防护	支持
	发射功率符合国家电磁辐射防护标准	支持
	可与已有安保系统联网集成	支持
	系统采用三防设计,防浪涌	支持

续表 38-31

功能指标		参数要求
参数性指标	工作频段	1.2～1.6 CHz
	设备启动时间	＜40 s
	重量	＜3 kg
	电源	－220 V±10％,50 Hz

（3）金钟罩系列-警用便携版

金钟罩系列-警用便携版适用于警察安保、对敏感区域内的安全防护、对重要公共基础设施区域的保障。金钟罩系列-警用便携版专为警察便捷使用,因此在金钟罩的基础上,将该版本改进为便携版,便于警察在外出巡逻,实行追踪活动、抓捕活动中使用。金钟罩系列-警用便携版性能参数见表 38-32 所列。

表 38-32　金钟罩系列-警用便携版关键性能参数

性能指标		参　　数
功耗		＜30 W
监测接口		以太网、RJ45
作用距离		≤500 m(无遮挡情况下)
信号发射功率		10 mW
环境参数指标	储存环境温度	－40～80 ℃
	使用环境温度	－20～50 ℃
	使用环境湿度	≥85％

其功能指标参数见表 38-33 所列。

表 38-33　金钟罩系列-警用便携版功能指标参数

功能指标		参数要求
功能性指标	能够模拟产生 GPS,GLONASS,BD 星座信号	支持
	可实现禁飞区诱骗	支持
	可实现定向驱离	支持
	诱骗信号生效时间	3 s
	实现布设区域 24 h 全天候防护	支持
	发射功率符合国家电磁辐射防护标准	支持
	可与已有安保系统联网集成	支持
	系统采用三防设计,防浪涌	支持

功能指标		参数要求
参数性指标	工作频段	1.2~1.6 GHz
	设备启动时间	<40 s
	重量	<3 kg
	电源	~220 V±10%,50 Hz

2. 后羿系列

后羿系列最有代表性的系统是 HY - 070 低空防御系统,如图 38-41 所示。该系统是一款可重复使用的非火工品反无人机拦截系统,主要作战目标是以"低慢小"为代表的无人飞行器和"蜂群"无人飞行器,为公安、边防、海关、监狱、油库、核电站、政府机要等重点要害部门和特殊场所的低空防御提供附带伤害小、自动化程度高的保障。其关键性能参数见表 38-34 所列。

图 38 - 41 HY - 070 低空防御系统

表 38 - 34 HY - 070 低空防御系统关键性能参数

系统组件	性能指标	指标数据
导弹性能指标	弹体尺寸	472 mm×112 mm
	飞行速度	56 m/s (200 km/h)
	发射方式	垂发
	飞行距离	>3 km
	飞行时间	150 s
	发射方向	360°
	弹体重量	1 200 g
	打击方式	网捕伞降/直接撞击
	杀伤元载荷	20 g
微型摄像机	图像传感器	1/4CMOS
	焦距	8 mm
	镜头	定焦
	视场角	20°
	分辨率	640(H)×480(V)

续表 38－34

系统组件	性能指标	指标数据
制导控制器	图像处理帧率	30 FPS(Frames Per Second,每秒传输帧数)
	导引头输出	视线角速率
	舵机最大转角	±30°
	制导方式	无线电＋图像
	工作条件	昼夜
环境参数	防水等级	LP45
	工作温度	－40～85 ℃
	存储湿度	－50～90 ℃
	环境相对湿度	≤95%RH

六、西安熠泽丰电子科技有限公司

(一) 公司基本介绍

西安熠泽丰电子科技有限公司[1](以下简称熠泽丰)成立于 2017 年 3 月,是一家以军用技术开发民用产品、以民营公司承担军品业务的新型军民融合型高科技企业。公司以雷达技术和光电探测技术为核心,主营侦察、指挥、控制、处置系统的研发、生产、销售及技术贸易等业务。该公司针对低、小、慢运动目标的安防管控需求,提供海、陆、空三维一体的系统解决方案及手段,主要包括:预警探测、目标定位识别、通信指挥控制、微波处置打击等新型综合安防管控系统及产品,并以此为基础提供舆情分析等大数据服务,变传统条件下的被动安全防护为信息化条件下的主动安全管控。

据熠泽丰官网信息,目前其有四款主要产品,包括两款雷达、监控系统和反无人机设备。该公司的雷达系列产品以探测、跟踪定位为基础功能,主要适用于小型飞行器。安防系统和反无人机设备装列方式以固定式和车载为主,且皆结合了多种反制方式,能为重要基础设施提供安全保障。

(二) 公司产品和基本参数

1. "低空卫士"无人机探测雷达

"低空卫士"无人机探测雷达是一种低成本、三坐标的固定站监视雷达,对低空、

1　来源于西安熠泽丰电子科技有限公司官网,http://yizefeng.cn/index.php/contactus/。

慢速飞行的小型飞行器具有良好的探测和定位能力;可实现1 km高度以下、6 km半径范围内的空域覆盖,具有全天时、全天候、全方位的特点以及良好的防护性能;可以广泛应用于城市低空监视、核电站、油库、机场等重点区域的低空安防。图38-42所示为"低空卫士"无人机探测雷达检测工作图。其性能参数见表38-35所列。

表38-35 "低空卫士"无人机探测雷达关键性能参数

图38-42 "低空卫士"无人机探测雷达检测工作图

性能指标		参　数
体制		全固态、全相参三坐标雷达
工作频段		I波段
威力	低空飞行器(RCS=0.1 m²)	R_{max}(最大半径)≥6 km
	低空飞行器(RCS=2 m²)	R_{max}(最大半径)≥10 km
精度	天线工作模式	圆扫/扇扫
	距离	≤30 m
	方位角	≤0.4°
功耗		≤80 W
重量		≤20 kg
供电体制		AC220 V 50 Hz
防护等级		不低于IP66
通信接口		标准以太网

2. 三坐标一维有源相控阵低空目标预警探测雷达

三坐标一维有源相控阵低空目标预警探测雷达,是针对复杂背景环境下无人机、滑翔伞、地面越境人员车辆等"低慢小"目标探测需求开发的一种低成本、三坐标有源相控阵雷达,如图38-43所示。该产品采用方位机扫、俯仰相扫的脉冲多普勒体制,应用了MTD、MTI、软件显控、以太网通信、全密封结构等技术,可以实现对目标的精确探测、定位和预警;具有技术先进、可靠性高、可操作性强、虚警率低、安装平台多样、部署区域广泛等技术特点和全天时、全天候、全

图38-43 三坐标一维有源相控阵低空目标预警探测雷达

方位和防护性能良好等功能特点,可以广泛应用于边境线反越境,海防线船只探测,部队驻地、核电设施、油库、机场、监狱、学校以及医院等重点区域的低空安防,也可以在军事领域作为地面侦察雷达或者地面大型预警探测雷达的补盲雷达使用。其性能参数见表38-36所列。

表 38 - 36 三坐标一维有源相控阵低空目标预警探测雷达的关键性能参数

性能指标	参 数
工作体制	一维有源相控阵三坐标雷达
工作频段	S
探测距离	无人机(精灵系列):≥7.5 km(RCS:0.01 m²); 自然人:≥10 km(RCS:0.5 m²)
精度	距离≤10 m,方位角≤0.5°,高低角≤0.8°
最小可检测速度	≤0.5 m/s
天线扫描方式	方位机扫,俯仰相扫
天线扫描范围	方位:0°~360°,俯仰角:40°
周扫数据率	4 s
防护等级	IP66
通信接口	标准以太网
光电组网	支持
数字地图集成	支持
系统组网	支持
连续工作能力	≥24 h
供电体制	AC220 V 50 Hz
电源功耗	≤150 W
外形尺寸(直径×高)	750 mm×580 mm(天线阵面)
重量(雷达主机)	≤35 kg(天线阵面)
工作温度	-40~70 ℃

性能特点:

➢ 具备全天时、全天候、全方位的目标自动检测和追踪功能,可以实现威力范围内无漏点的全局事态感知和掌控。

➢ 具备地面人员和车辆、水面船舶和低空无人机等多种低、慢、小目标的防范功能。

➢ 具备传感器引导功能,可以集成光学系统进行目标确认、识别、跟踪。

➢ 可以实现时间、空间上的提前检测,预留宝贵的响应时间。

> 可以通过软件划分监控区域、识别目标属性,提供告警提示。
> 可以对无法设置物理围栏的区域设置虚拟电子围栏。
> 保存历史数据用以可视化分析。
> 可以方便地进行功能定制,有利于成本控制,易于衍生覆盖不同应用需求的产品和系统。

3."陆巡"综合车载安防监控系统

"陆巡"综合车载安防监控系统,是一种集雷达、光电等设备于一体的高机动综合光电安防监控系统,具有对地面人员及车辆、海面行驶船只及低空飞行器的快速定位能力,并能够引导光学设备进行视频捕获,为区域防护提供有效的探测告警手段,可以广泛应用于边界监控、海岸缉私,以及核电、监狱、油库等重点区域的日常安防,如图38-44所示。其性能参数见表38-37所列。

图38-44 "陆巡"综合车载安防监控系统

表38-37 "陆巡"综合车载安防监控系统关键性能参数

组 件	性能指标	参 数
雷达	工作体制	全固态、全相参三坐标雷达
	工作频段	I 波段
	探测威力	≥3 km(低空飞行器),≥6 km(人员),≥12 km(车辆)
	方位覆盖范围	360°
	精度	距离30 m,方位角0.4°
光电	体制	白光＋红外双波段摄像机
	作用距离	≥4 km(白光),≥2 km(夜视)
	工作模式	连续自动对焦
定位定向	定位精度(BDS/GPS)	≤3 m
	定向精度(BDS/GPS)	≤0.1°
架设高度	≥3 m(安装平台距离地面高度)	
供电方式	电瓶/市电/移动电站	≤20 kg
通信接口	标准以太网	AC220 V 50 Hz

4. 固定站式反无人机设备

固定站式反无人机设备是一种反制无人机的干扰设备,能够干扰民用无人机的遥控信号和卫星导航信号,使其失去遥控信号和位置信息,并迫使其坠落或者悬停

（燃料耗尽后坠落），从而达到反制无人机的目的。其作用距离大于 4 km，可以用于政府军队核心区域、飞机场、核电站、油库、水电站、监狱、边防哨所等区域或者大型群众集会、大型体育赛事等场合的低空安保工作。

该设备主要由干扰部分和控制终端组成。干扰部分包含转台、二次电源、干扰源、功率放大器、辐射天线等设备；控制终端由工控机、操作界面、网络端口等部分组成。该设备可以安装在保护区域的中心位置，也可以安装在移动车辆顶部，巡逻保护区域，如图 38 - 45 所示。其性能参数见表 38 - 38 所列。

图 38 - 45 固定站式反无人机设备

主要功能：

➢ 干扰无人机的遥控信号。

➢ 干扰无人机的卫星导航信号。

➢ 可以本控操作，也可以远程控制。

➢ 可以单独工作，也可以在雷达光电设备的导引下工作。

表 38 - 38 固定站式反无人机设备关键性能参数

性能指标	参　　数
干扰频段	通信频段：2.4 GHz、5.8 GHz
	卫星导航：GPS、BDS、GLONASS
威力	最大作用距离：≥4 km（卫星导航）
	遥控链路：干扰干通比＞10
天线工作模式	干扰范围：方位 0～360°；俯仰－15～90°方位
	天线转速：20°/s
可靠性与维修性	平均无故障工作时间（Mean Time Between Failure，MTBF）：≥1 000 h；平均修复时间（Mean Time To Repair，MTTR）：≤30 min
环境适应性	储存温度：－50～70 ℃
	工作温度：－20～55 ℃
	相对湿度：95±3%（30 ℃，无凝露）
	防护等级：IP64（尘密、防喷水）
连续工作时间	可 2 h 连续工作
供电	供电形式：市电 AC220 V 50 Hz
	最大功耗：300 W
尺寸	最大外形尺寸（天线部分）：500 mm×850 mm（直径×高度）
重量	重量：≤50 kg
通信方式	具有网络通信接口功能

七、陕西山利科技发展有限责任公司

（一）公司基本介绍

位于古城西安的陕西山利科技发展有限责任公司[1]（以下简称山利科技）创立于1994年，是我国安全领域的高科技企业，现已形成公共安全、低空安全、接入安全、生产安全、安全培训、反恐处突、应急救援等七大产品体系。该公司以多图检索数据融合的目标判断处理方法、多源数据融合、"低慢小"目标检测与跟踪、无人机侦测准确率的提升、电子侦察与对抗、安全态势感知等核心技术为支撑，在军队、军工、应急、公安、司法、煤炭、石化、电力等行业提供领先的产品和解决方案。

目前，山利科技拥有"2111"研发支撑平台，即两个国家级研发平台——国家企业技术中心、国家博士后科研工作站；一个省级院士专家工作站——煤矿安全院士专家工作站；一个省级创新研发中心——陕西省中小企业创新研发中心；一个市级工程技术研究中心——低空空域安全工程技术研究中心。除此之外，山利科技还与高校、科研合作单位进行了产学研深度合作，包括西北工业大学、西安电子科技大学、西安理工大学、西安科技大学、应急部通信信息中心等和其他科研院所。

山利科技已获得国家知识产权优势企业、国家级专精特新"小巨人"培育企业、国家工业互联网试点示范企业、国家应急救援装备试点示范企业、省级军民融合示范企业等荣誉；拥有多项自主研发知识产权，其中拥有国家专利22项、计算机软件著作权35项；先后承担过4项国家计划及22项省市重大科研攻关项目和技术创新计划，具有雄厚的技术开发实力。现阶段公司低空空域安全防护主要产品"山利猎鹰无人机侦测与反制系统"在军委科技委组织的"无形截击-2021"挑战赛的城区综合防御科目中取得第二名的佳绩。其产品还成功入选公安部装备财务局〔2022〕68号文件《关于推荐无人机反制装备的通知》。

该公司目前主要产品有三类，包括一项侦测设备和两项干扰设备。侦测设备通过无线电频谱进行侦测识别和测向定位，绿色安全，能实现全方位全时段实时监测；干扰设备的装备平台包括车载、手持等装载方式。

（二）公司产品和基本参数

1. 无线电频谱侦测设备

无线电频谱侦测设备能对无人机的上下行遥控信号、图传信号进行侦测识别和测

1　来源于陕西山利科技发展有限责任公司官网，http://www.sunnyit.com/index/list-18.html。

向定位。由于无线电频谱侦测设备属于无源探测设备,不主动发射电磁信号,绿色安全,所以可以更好地实现对无人机(遥控器)的侦测和预警。该设备的信号接收、射频处理、信号处理,均在探测前端完成,能提升信息探测实时性;其微小信号识别技术能确保识别结果准确可靠,极大降低误报、漏报率;该设备适用于复杂的电磁、气候环境,不受雷电、雾霾天气、夜间视距影响,可实现 7×24 h360°全方位实时监测,如图 38-46 所示。其性能参数见表 38-39 所列。

表 38-39 无线电频谱侦测设备关键性能参数

图 38-46 无线电频谱侦测设备

性能指标	参 数
探测信号类型	无人机数传信号、无人机遥控信号、Wi-Fi 体制无人机信号
探测频段	20 MHz~6 GHz
测角精度	≤5°
探测半径	≥5 km
探测角度	360°全方位
发现时间	≤5 s
指北精度	≤5°,自动校准
连接方式	以太网接口
供电方式	AC110-220 V

2. 便携式无人机干扰设备

便携式无人机干扰设备是定向无人机干扰设备的简化便携版,其通过发射干扰信号,阻断无人机正常通信和导航信号,驱离或迫降无人机,可应对市面上常见的各类民用无人机,适用于重要会议、大型活动、固定场所日常巡逻过程中的低空防护。该设备的非枪形设计不会引起民众恐慌,且设备尺寸小、重量轻,便于单人携带使用。它的操作简单,整机一体化,机身牢固,方便携行。其内置的高度集成微波电路结构以及小型化相控阵天线设计,配备外置可更换电锂电池组,使用方便,续航能力强,如图 38-47 所示。其性能参数见表 38-40 所列。

图 38-47 便携式无人机干扰设备

表 38-40　便携式无人机干扰设备关键性能参数

性能指标	参　数
作用频段	0.4 GHz、0.8 GHz、0.9 GHz、1.1 GHz、1.4 GHz、1.6 GHz、2.4 GHz、5.8 GHz
管控信号样式	FHSS(跳频)/DSSS(直接序列扩频)
干扰距离	≥1.0 km
工作时间	≥60 min(持续发射)
干通比	10∶1
干扰角度	定向
干扰生效时间	≤5 s
供电方式	电池组供电

3. 全向/定向干扰压制设备

全向/定向无人机干扰压制设备可同时在多个无人机工作频段产生最有效的干扰信号样式,具有良好的信号阻断功能;设备能发射无线电信号干扰无人机卫星导航信号和无人机与遥控器间通信链路,使无人机迫降或返航。该设备能管制市面95%左右民用无人机、自己手工制作(Do It Yourself,DIY)无人机、第一人称视角(First Person View,FPV)无人机。设备部署方便,可满足车载和便携部署使用。设备还采用高性能阵列复合天线,高增益高效率,能覆盖超低空近端盲区;还可开启单个扇区天线发射或开启多个扇区天线组合发射,实现全向或定向干扰,保障防护区域低空安全,如图 38-48 所示。其性能参数见表 38-41 所列。

表 38-41　全向/定向干扰压制设备关键性能参数

图 38-48　全向/定向干扰
压制设备

性能指标	参　数
作用频段	0.4 GHz、0.8 GHz、0.9 GHz、1.1 GHz、1.2 GHz、1.5 GHz、2.4 GHz、2.5 GHz、5.2 GHz、5.8 GHz
干扰距离	≥3 km
发射功率	每频段≤30 W
干通比	10∶1
干扰角度	360°全方位
干扰生效时间	≤5 s
连接方式	以太网接口
供电方式	AC110-220 V

八、成都安则科技有限公司

（一）公司基本介绍

成都安则科技有限公司[1]（以下简称安则科技）成立于 2011 年，总部位于成都，在北京、深圳、重庆设有分公司，武汉、西安、石家庄、长沙、沈阳、贵阳设有办事处。该公司专门从事保密咨询工作，具备安全保密产品自主研发、生产能力，以安全保密需求为导向，构建了具有特色的安全体系，并提供专业化安全保密定制服务，提供动态的、全方位的运维安全整体解决方案。安则科技主要面向全国央企、国企、上市公司、企事业单位等提供咨询服务。公司咨询服务范围包含：军工四证——国家军用标准质量管理体系（简称国军标）、武器装备科研生产单位保密资格认定（简称军工保密资格）、武器装备科研生产许可证（简称生产许可）、武器装备承制单位资格（简称装备承制），军工涉密业务咨询服务单位安全保密条件备案，涉密信息系统集成和涉密载体印刷印制等资质。

安则科技目前的主要产品是反无人机设备系统。公司产品以低空、慢速、小目标防御为主要目的，以自动探测、自动跟踪、自动攻击、追踪溯源为主要功能，将侦测设备与反制设备组成集成系统。

（二）公司产品和基本参数

1. 侦测设备

（1）单兵智能侦测设备

单兵智能侦测设备主要用于战场环境下对无人机的监测。该设备可侦测半径 3 km 范围内的无人机信号，并在侦测到信号后做出声光报警提醒，以及给出目标大致的方位。该设备还能根据场景需要随时关闭报警音或提示光，以便于伪装隐蔽、避免暴露目标。设备可设计为穿戴式或背负式形态，针对低空无人机信号为用户提供态势感知，无须复杂操作。

该设备采用了两个通道接收机并行工作的方式，在快速识别算法的支持下既保证了识别的准确度，又提高了扫描速度，缩短了发现目标的时间，是取代频谱识别方式的新一代无人机无源侦测识别设备。设备为被动式探测设备，能够确保安静地安全运行，不暴露目标。设备耗电功率小，采用可替换电池设计，能够长时间在野外使用，如图 38-49 所示。其性能参数见表 38-42 所列。

---

1 来源于成都安则科技有限公司官网，http://www.anzetec.com/。

表 38 - 42   单兵智能侦测设备关键性能参数

图 38 - 49   单兵智能侦测设备

性能指标	参 数
探测类型	配备全向或定向天线,可实现定向、全向探测
检测信号	无人机下行链路信号
探测频率	1.2、2.4、5.8 GHz
探测距离	≤3 km
最低探测高度	5 m
测向精度	≤30°
定位精度	≤100 m
展撤时间	≤5 s
侦测设备重量	≤400 g
侦测设备尺寸	≤180 mm×80 mm×40 mm(含天线)
防水等级	IP65
连续使用时间	8 h
包装	高强度航空箱

(2) 无人机敌我识别系统

无人机敌我识别系统可搭载于各类飞行器上,使用飞行器辅助或装置自身供电,按照基地台的无线电指令应答发送或根据设定自动发送自身的实时位置、运动方向和速度等信息,以及存储的身份信息(可与飞行器信息绑定),供地面系统随时掌握飞行器的位置和状态,如图 38 - 50 所示。当飞行器意外坠落或因其他各种原因与其控制链路失去联系时,可使用该装置的内置电源和定时发送功能以及低功耗远距离双向通信功能配合地面设备

图 38 - 50   无人机敌我识别系统

进行飞行器定位,减少失联飞行器的回收时间以及提高失联飞行器的回收概率。

在飞行器正常工作时,该系统及其双向通信链路可以给地面提供辅助敌我识别功能;在飞行器主链路静默期间,可以获取飞行器位置信息和身份信息。该系统通过专用无线电信道将实时测量的无人机下行无线电信号特征和参数发送至地面端无人机侦测系统,从而实现敌我识别功能。该系统在现场环境中有执勤、巡逻、警戒等无人机工作时使用,可以有效避免对自身无人机的误报、干扰和误伤。其性能参数见表 38 - 43 所列。

表 38 - 43　无人机敌我识别系统关键性能参数

性能指标	参　数
识别频率	包括 2.4～2.485 GHz/5.15～5.95 GHz
识别信号类型	OFDM、Wi - Fi、FM
数传距离	≥3 km（空中，无阻挡，应答器高度 50 m）
定位方式	至少支持 BDS 和 GPS
定位精度	≤10 m（运动状态）≤3 m（静止状态，60 s 后）
定位时间	≤60 s（冷启动）≤10 s（热启动）
续航时间	≥4 h
充电时间	≤2 h
重量	≤60 g
尺寸	51 mm×51 mm×20 mm
充电接口	Type - C

2. 反制设备

(1) 便携式无人机干扰设备

便携式无人机干扰设备严格按照军品指标设计。该设备通过干扰无人机的数据链路、图传链路和导航链路，切断无人机和遥控器之间的通信及导航信号，从而将无人机驱离或迫使无人机自动降落。该设备可执行管制任务，保障低空空域安全，如图 38 - 51 所示。其性能参数见表 38 - 44 所列。

图 38 - 51　便携式无人机干扰设备

表 38 - 44　便携式无人机干扰设备关键性能参数

性能指标	参　数
发射频率	865～965 MHz,1 550～1 650 MHz,2.4～2.5 GHz,5.77～5.85 GHz
有效距离	≥1 500 m（大疆无人机御 2 干通比 10∶1）
连续工作时间	≥1 h
待机时间	≥10 h
干扰响应时间	≤5 s
IP 防护等级	≥IP55
工作温度	-40～70 ℃
设备重量	≤4.7 kg（含电池）
发射功率	单段的发射功率≤20 W

(2)固定式导航诱骗设备

安则固定式导航诱骗设备专为应对"黑飞"无人机带来的各种安全威胁而开发。该设备通过辐射低功率再生导航卫星信号,侵入"黑飞"无人机导航系统,从而实现对需要使用导航系统进行飞行控制的无人机的截获控制,使其无法飞入受保护区域,保障该区域的低空安全。通过再生不少于两个频率的卫星导航诱骗信号,对采用卫星导航定位的无人机接收的卫星导航坐标信息进行诱骗式干扰,实现禁飞区投射或者区域拒止功能。禁飞区投射即通过辐射虚假禁飞区(如附近机场),对"黑飞"无人机实现位置诱骗,让其误认为进入禁飞区而迫降或返航。区域拒止即通过辐射特点策略轨迹诱骗

图 38 - 52 固定式导航诱骗设备

信号,使"黑飞"无人机无法飞入受保护区域,如图 38 - 52 所示。其性能参数见表 38 -45 所列。

表 38 - 45 固定式导航诱骗设备关键性能参数

性能指标	参 数
工作频段	1 573.8～1 576.1 MHz、1 559.6～1 562.3 MHz、1 599.7～1 600.5 MHz
诱骗距离	0.5～60 km
诱骗响应时间	≤15 s
有效诱骗角度	水平:360°,垂直:90°
诱骗无人机数量	≥5
持续发射时间	≥24 h
启动时间	≤2.5 min
工作温度	−40～70 ℃
防水等级	IP66

3. 低空慢速小目标防御系统

(1)AUAV -固定式系统

低空慢速小目标防御系统——AUAV -固定式系统是为了应对小型无人机的安全威胁和突发情况开发的版本,如图 38 -53 所示。该系统采取模块化管理、操作简单,可以根据实际情况快速组装和部署;可在固定区域场所进行工程化部署,实现集自动探测、自动跟踪、自动攻

图 38 - 53 AUAV -固定式系统

击、追踪溯源四位一体的 24 h 无人值守功能。该系统通过无线电或者雷达的方式自动检测无人机,跟踪锁定后干扰无人机的数据链路和定位系统,切断无人机与遥控器之间的通信和导航,从而迫使无人机自动降落或将其驱离,保障低空空域安全。其性能参数见表 38 - 46 所列。

表 38 - 46 AUAV-固定式系统关键性能参数

性能指标	参 数
无线电探测工作频率	100 kHz～40 GHz
测向灵敏度	2～30 MHz:优于 10 dBμV/m
	30～200 MHz:优于 18 dBμV/m
	200 MHz～2 GHz:优于 15 dBμV/m
	2～18 GHz:优于 35 dBμV/m
	8～40 GHz:优于 38 dBμV/m
测向准确度	2～30 MHz:不大于 1.5°(RMS)
	30 MHz～3 GHz:不大于 1.5°(RMS)
	3～18 GHz:不大于 2°(RMS)
	18～40 GHz:不大于 5°(RMS)
监测灵敏度	2～30 MHz:优于 5 dBμV/m
	30～500 MHz:优于 25 dBμV/m
	500 MHz～2 GHz:优于 28 dBμV/m
	18～40 GHz:优于 40 dBμV/m
跳频信号频率集捕获概率	2～30 MHz:100 跳/s,捕获概率不低于 85%
	30 MHz～18 GHz:1 000 跳/s,捕获概率不低于 85%

(2) AUAV-车载系统

低空慢速小目标防御系统——AUAV-车载系统主要由目标探测系统、光电跟踪系统、电磁压制系统、追踪溯源系统等构成,如图 38-54 所示。该系统以探测器为圆心,可对 3 km 半径的区域进行全向目标搜索,能够跟踪无人机的运动飞行轨迹,在运动状态下锁定和攻击目标,切断小型无人机与 GPS

图 38 - 54 AUAV-车载系统

的卫星信号,与遥控器的通信信号和图传信号的通信连接,实现无人机的平稳压制降落。AUAV-车载系统的主要功能是在重要赛事、突发事件、大型活动安保、边防巡逻中对危险的低空慢速小目标进行拦截和防御。其性能参数见表38-47所列。

表 38-47 AUAV-车载系统关键性能参数

性能指标	参 数
防护距离	3 000 m(3 000 m 预警,500 m 报警)
音频	音频和超声频谱 0~96 kHz
无线传感器	全向扫描 2.4 GHz ISM 频段和 5 GHz ISM 频段
视频	1080P 高清相机
无线传感器	全向扫描 2.4 GHz ISM 频段和 5 GHz ISM 频段
红外探测	近红外,1080P 高清摄像机
存储容量	120 TB
干扰反制 分系统 技术指标	固定式:工作频率 20 KHz~20 GHz,输出功率 500 dBm(1 dBm); 车载式:工作频率 2.4 GHz,输出功率 150 dBm(1 dBm); 便携式:工作频率 2.4 GHz,输出功率 50 dBm(1 dBm)

安则低空慢速小目标防御系统广泛部署于应急、边防、反恐等区域,特别是适合大型的会议安保与保障,国家领导人出访,重大体育赛事等活动;可确保目标广场或目标范围在安全周界内安全可控,为大型赛事安保提供充分的技术保障手段。2021 年 9 月 7 日,安则低空慢速小目标防御系统为塞内加尔总统马基·萨勒访川行程保驾护航。

九、鉴真防务技术(上海)有限公司

(一) 公司基本介绍

鉴真防务技术(上海)有限公司[1](以下简称鉴真防务)成立于 2017 年 6 月,是专门从事国内军民两用低空空域安防产品的技术研发、设备生产、系统集成、方案设计和销售服务的企业。公司总部位于上海,在湖南、湖北、山东、江西等地设有办事处,产品研发资源和业务渠道网络覆盖全国。

---

1 来源于鉴真防务技术(上海)有限公司官网,http://www.jianzhenchina.com/♯/homePage。

该公司自主研发的低空安防反无人机安全管控系统,具有对大疆等小微无人机进行"探测、监视、跟踪、识别、迫降、驱离"等综合管控能力。该公司主要由来自国内外著名高校(浙江大学、美国波士顿东北大学)的博士团队带领,技术骨干由从事网络安全行业多年的博士团队组成,核心成员长期承担国家和军队"国家高技术研究发展计划(863 计划)"和"国家重点基础研究发展计划(973 计划)",具有极强的技术攻关能力。公司长期服务于军民两用低空空域安全防护建设,集关键技术研发、综合产品集成、系统项目测试、核心设备生产、高级人员培训于一体,并成立了"低空空域安防研究中心"。

该公司产品类型较多,包括反无人机固定站、反无人机驱离器、指挥车和反制枪四个系列的产品,基本覆盖了军用、民用、大型活动等场所的安全需求。

(二) 公司产品和基本参数

1. 无人机反制器

无人机反制器采用 CW 扫频技术,激励生成无线电干扰信号,基础无线电信号由信号调制模块调至干扰频段,由多级放大电路增强到特定功率后,通过天线馈线到天线发射向指定区域,实现对无人机的管控,如图 38 – 55 所示。该设备可以对 2 km 净空范围内使用 0.4 GHz、0.9 GHz、1.5 GHz、2.4 GHz 和 5.8 GHz 等频段无线电信号控制飞行的无人机进行干扰处置,强

图 38 – 55 无人机反制器

制其降落或返航,适用于受保护区域的流动巡逻和近距离目标应急处置。其性能参数见表 38 – 48 所列。

鉴真防务无人机反制器曾先后保障了李克强总理江西考察、央视春节联欢晚会井冈山分会场、青岛上合峰会、第七届军人运动会等重要场合的低空安全。

表 38 – 48 无人机反制器关键性能参数

性能指标	参 数
设备尺寸	795 mm×80 mm×325 mm
反制频段	0.4 GHz、0.9 GHz、1.5 GHz、2.4 GHz、5.8 GHz
作用距离	≥2 km
干扰范围	全向 360°
干扰响应时间	≤8 s
系统功耗	300 W
重量	5 kg

2. 精准探测反制指挥车Ⅱ型

精准探测反制指挥车Ⅱ型以福特全顺中型客车为改装平台,以科技创新,智能实用为设计理念,结合公安警用部门的工作实用需求配备了无人机安全管控系统、侦测系统、反制系统等,可在各种应急保障现场,实现 3 km 范围内 360°全向的无人机的无源探测;5 km 范围内 360°的无人机的信号侦测;开启多频段无线电干扰设备可以保证无人机无法进入该区域;可根据全频探测、信号探测的结果自动实现系统联动,变频反制系统可对无人机进

图 38-56   精准探测反制指挥车Ⅱ型

行迫降或返航处置,如图 38-56 所示。其性能参数见表 38-49 所列。

表 38-49   精准探测反制指挥车Ⅱ型关键性能参数

性能指标	参 数	性能指标	参 数
工作体制	脉冲波相控阵	俯视角范围	0～75°
工作频率	L/X/Ku/Ka 波段	方位角范围	0～360°
工作方式	周扫/相控	距离分辨率	<100 m
探测距离	8 km(轴距 0.4 m 的无人机);35 km(轴距 2 m 的无人机);60 km(靶机无人机和直升机)	方位分辨率	<2.5°
		展开/撤收时间	<10 min
		连续工作时间	7×24 h
探测高度	避暑覆盖 30～3 500 m	无线电发射频段	CH1:GPS,40 dBM CH2:2.4G,40 dBM CH3:5.8G,33 dBM
探测速度	5～400 m/s		
探测精度(RMS)	距离<25 m,高度<1°,方位<0.5°	无人机处置反应时间	1 s

3. 无人机固定站

反无人机固定站采用雷达探测、红外、可见光和无线电射频等综合手段,可实现重点目标周边的区域化无人机预警,标准处置距离为 1 km,并可以根据需要进行调节,如图 38-57 所示。其性能参数见表 38-50 所列。

图 38-57   反无人机固定站

表 38－50　反无人机固定站关键性能参数

性能指标	参　　数	性能指标	参　　数
工作体制	脉冲波相控阵	方位角范围	0～360°
工作频率	L/X/Ku/Ka 波段	距离分辨率	＜100 m
工作方式	周扫/相控	方位分辨率	＜2.5°
探测距离	5～7 km(轴距 0.4 m 的无人机)；30～40 km(轴距 2 m 的无人机)；50～80 km(靶机无人机和直升机)	展开/撤收时间	＜10 min
		连续工作时间	7×24 h
探测高度	避暑覆盖 30～3 500 m	无线电发射频段	CH1:GPS,40 dBM CH2:2.4G,40 dBM CH3:5.8G,33 dBM
探测速度	5～400 m/s		
探测精度(RMS)	距离＜25 m,高度＜1°,方位＜0.5°	无人机处置反应时间	1 s
		尺寸	800 mm×406 mm×680 mm
俯视角范围	0～75°	重量	50 kg

十、北京瑞达恩科技股份有限公司

（一）公司基本介绍

北京瑞达恩科技股份有限公司[1]（以下简称瑞达恩）成立于 2003 年,是一家在雷达、电子战、指挥信息系统、激光电子领域有着长期地技术积累,在"低慢小"目标侦测与反制领域提供领先的产品和解决方案的高新科技企业和新三板上市公司。该公司的产品广泛应用于军队、公安、武警、机场、监狱、外交使领馆、核电站、科研院所等重要国家安全、外交、能源、科研等领域。

据官网介绍,该公司提供的主要产品及解决方案较多,大致分为四个系列,分别是立体安防、目标探测、无线电干扰、诱骗导航系列。这四个系列组成了较为完备的反无人机装备系统。

瑞达恩公司的低空安防系列产品先后服务于北京奥运会、国庆(9.3)阅兵、广州亚运会、深圳大运会、上海世博会、博鳌论坛、G20 峰会、天津全运会、沈阳国际马拉松、"勿忘九一八"撞钟鸣警等大型活动低空安保,受到了国家部委和军队有关部门领导的肯定和表彰。

1　来源于北京瑞达恩科技股份有限公司官网,http://www.ruidaen.com/。

　　该公司以"服务国防,报效国家"为己任,于2014年经国家经济动员办公室批准,依托公司技术骨干成立了北京市国民经济动员低空防卫专业保障队,2015年又被确定为京津冀国民经济动员协同保障重点单位。

(二) 公司产品和基本参数

1. RDN-101"低慢小"目标搜索雷达

　　RDN-101"低慢小"目标搜索雷达可实现低空、超低空、慢速、小目标探测,自动搜索和实时跟踪空中目标,完成区域内近程低空、超低空的空情侦察;可对目标进行自动搜索、跟踪,输出目标参数,第一时间向上级指挥中心上报空情信息并上报上级指挥;可以为机场、通信指挥中心、导弹发射阵地、交通枢纽(桥梁、车站、港口等)、军事基地、能源基地等重要军事设施和城市要地提供低空探测预警,如图38-58所示。RDN-101"低慢小"目标搜索雷达可以灵活部署,如图38-59所示。其性能参数见表38-51所列。

图38-58　RDN-101"低慢小"
目标搜索雷达

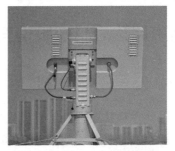

图38-59　RDN-101"低慢小"目标
搜索雷达可以灵活部署

表38-51　RDN-101"低慢小"目标搜索雷达关键性能指标参数

性能指标	参　　数
工作体制	线性调频连续波、相控阵、边扫描边跟踪
工作频率	X波段
工作方式	便携式/车载式
探测距离	6~8 km(四旋翼无人机,典型目标大疆精灵4),15~30 km(军用无人机)
探测速度	1~400 m/s
探测精度(RMS)	距离精度≤8 m,方位精度≤0.5°,俯仰精度≤0.5°
俯仰角范围	0~75°
方位角范围	0~360°
展开/撤收时间	≤10 min

设备特点：

➢ 全天候执行任务,抗电磁干扰能力强。

➢ 人机界面友好,易于操作使用,具有无人值守功能。

➢ 可自我监测定位故障,可靠性和维修性好。

➢ 系统基于 IP 设计,开放性好、扩展性强。

➢ 采用全固态、模块化设计,结构紧凑、集成度高。

➢ 体积小、重量轻,便携机动性好,部署灵活。

2. 反制装备

(1) RDN-1000 系列便携(手持)式定向非全频段无人机反制装备

RDN-1000 系列便携(手持)式定向非全频段无人机反制装备主要通过人工操作方式产生不同频率的电子干扰信号,对无人机无线电控制链路/GPS 链路进行压制式干扰,使无人机返航、迫降或悬停,从而维护低空环境安全,确保重点方向、重要区域、重点目标的空中安全。该设备采用一体化设计,电路、天线、电池等集成一体;采用宽带干扰技术,有效分段,可对无人机数据链路和导航频段进行干扰;具有自保护功能,当出现过热、输出过功率、驻波故障等情况时,会自动采取保护措施避免设备受损;设备样式、重量、体积等经人体工学设计,操作简单,携带方便,如图 38-60 所示。

图 38-60　RDN-1000 系列便携(手持)式定向非全频段无人机反制装备

(2) RDN-403 拒止系统

RDN-403 拒止系统采用全向干扰方式,开启后形成 360°的电磁防护罩,在阻止禁飞区内无人机起飞的同时拒止外区域的无人机飞入,可同时阻止不同方向的多架无人机起飞或进入。系统基于 IP 化设计,模块化程度高,开放性好、扩充性好,可以多台设备组网,并接受指挥中心统一控制,并且具有完整的 BIT 功能和故障定位功能,实时监测内部工作状态,人机界面友好,可实现无人值守,可使用固定平台架设于山顶、楼顶、载车等场合,使用灵活方便,可靠性高,维修便捷,如图 38-61 所示。其性能参数见表 38-52 所列。

图 38-61　RDN-403 拒止系统

表 38 – 52　RDN – 403 拒止系统关键性能参数

性能指标	参　数
覆盖频率	GPS、BD、GLONASS、GALILEO 导航频点
发射频率	400 MHz、900 MHz、2.4 GHz、5.8 GHz 频段
拦截距离	≥1.5 km
拦截响应时间	≤3 s
水平拦截角度	360°
无人值守功能	有
联网性	可通过网络直接联网
环境适应性	−40~50 ℃
供电	AC220

3. RDN – 1000 空中围栏系统

RDN – 1000 空中围栏系统主要由"低慢小"目标搜索雷达、无线电侦测系统、光电系统、无线电干扰系统、拒止系统、主动防御系统以及其他打击系统组成,能对无人机、动力伞、热气球飞艇、超轻型飞机、轻型直升机、滑翔机、航空模型等低空和超低空目标进行全天候、全方位地探测、搜索和跟踪,从而获取目标距离、方位、高度、速度等参数信息并形成运动轨迹。同时将信息传送至指挥控制系统,辅助指挥员制定防御行动方案,引导控制电子干扰系统、激光打击武器等其他设备对目标进行电子干扰和打击,也可引导地面安全人员对无人机飞手进行抓捕。图 38 – 62 所示为 RDN – 1000 空中围栏系统工作概念图。其性能参数见表 38 – 53 所列。

表 38 – 53　RDN – 1000 空中围栏系统关键性能参数

图 38 – 62　RDN – 1000 空中围栏
系统工作概念图

性能指标	参　数
探测距离	"低慢小"雷达:6~8 km(四旋翼无人机),15~30 km(油动固定翼无人机)
	光电系统:可见光:3 km(四旋翼无人机)
	红外:2 km(四旋翼无人机)
	无线电侦测:6 km(四旋翼无人机)
干扰距离	全向干扰:≥1.5 km
	定向干扰:≥3~5 km

拓展版车载式反无人机空中围栏系统集成了雷达、红外、可见光和无线电等多种探测手段和无线电干扰反制设备，可交叉覆盖低空超低空空域，大大提高了目标探测和发现能力；集探测、指挥、控制、引导、干扰反制于一体，可结合战术要求，及时对目标进行快速侦测发现、快速锁定追踪、快速瞄准打击。图 38－63 所示为空中围栏车载系统实物图。其性能参数见表 38－54 所列。

表 38－54　空中围栏车载系统关键性能参数

性能指标	参　数
雷达探测距离	6～8 km(四旋翼无人机)
	15～30 km(军用无人机)
雷达探测速度	1～400 m/s
雷达探测精度(RMS)	距离精度≤10 m,方位精度≤0.5°,俯仰角精度≤0.5°
无线电侦测频段	300 MHz～6 GHz
无线电侦测距离	≥5～6 km
无线电侦测空域	方位 0～360°
红外探测距离	≥1 km
可见光探测距离	≥3 km
导航信号干扰距离	≥5 km(干扰功率≥20 km)
导航信号干扰频段	覆盖 GPS\BDS\GLONASS\GALILEO导航频点
无线电干扰频率	430～450 MHz
	890～930 MHz
	2.4～2.5 GHz
	5.725～5.850 GHz
无线电信号干扰距离	≥3～5 km
干扰波束宽度	30°

图 38－63　空中围栏车载系统

十一、北京神州明达高科技有限公司

（一）公司基本介绍

北京神州明达高科技有限公司(以下简称神州明达)成立于 2006 年,专门进行无线电射频领域中硬件产品的研发、生产、销售服务。2012 年公司增加了监管、部队、保密等领域的工程设计和施工的业务,为客户提供整体解决方案。经过多年历练及积累,公司现已成为全国监管、部队、保密等领域的"解决方案专家"。

神州明达在军警领域中针对押运车辆、涉密车辆、VIP 车辆等特殊车辆查除非法定位器（GPS）的项目中，把握住了近几年出现的大量个人车辆检测需求的契机，并通过多次技术迭代积累了丰富的技术经验，于 2019 年将此项军警技术转化为民用产品，在实现成本降低的同时保证了设备的先进性及稳定性，现已通过公安部等国家权威检测机构的检测，获得了检测合格的证书。

据官网介绍，神州明达公司的主打产品是打击枪和神弓壹号系列产品。这些产品集侦测、识别、追踪、干扰等技术于一体，是综合性的反无人机装备。

（二）公司产品和基本参数

1. DZ04 PRO 无人机反制系统

神州明达于 2017 年推出了 DZ01 PRO 系列枪型单兵便携低空无人机管制系统，该系列无人机反制系统不会击毁或者损坏无人机，其主要工作原理是干扰阻断无人机的飞控系统、信号传输系统，使无人机实现垂直着陆或自动返航。经过两年的技术经验累积，神州明达于 2021 年推出的 PRO 系列便携式四通道打击枪 DZ04 单功率更大，干扰距离较之前更远（干扰距离在 2.5 km 以上），能够精准地实现打击效果。DZ04 PRO 无人机反制系统由无人机飞控系统、无人机管制系统和控制面板组成，采用定向高增益天线，阻断频率精准。其内置大容量蓄电池，可保证超长时间待机，并配备两块电池，可以随时更换，其性能参数见表 38-55 所列。

表 38-55　DZ04 PRO 无人机反制系统关键性能参数

性能指标	参　　数
重量（含电池）	3 785 g
设备尺寸（含电池）	866 mm×229 mm×78 mm
干扰频段	2.4 GHz/5.8 GHz/900 MHz/GPS
干扰距离	≥1 000 m
天线类型	定向
天线增益	9 dB
天线夹角	60°
供电方式	锂电池，可插拔更换
电池规格	内置式电池：12 V、10 Ah
工作时间	53 min
单通道功率	10 W
工作温度	-20～55 ℃
相对湿度	80%RH
拓展功能	配有标准导轨，可安装瞄准镜夜视仪、执法记录仪等

2. 神弓壹号无人机自动侦测防御系统

神弓壹号无人机自动侦测防御系统主要由搜索系统、光学跟踪系统、射频干扰系统及显控单元四个主要分系统及模块构成,具体为无线电全频段侦测、红外可见光摄像头、四面相控阵电扫雷达和无线电全频段干扰器,如图 38 - 64 所示。该设备可实现全天候、全时段 360°

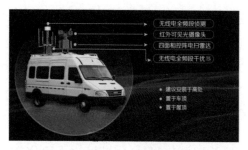

图 38 - 64　神弓壹号无人机自动侦测防御系统

探测,探测直径大于 6.5 km,集侦测、识别、追踪取证、干扰等技术于一体。

首先,搜索系统由搜索雷达和无线电频谱检测系统构成,两种体制的搜索系统可根据环境独立使用或配合起来使用以提高探测性能,从而完成对任务区域低空目标的监视及位置指示;然后,光学跟踪系统完成对目标的自动跟踪,使射频干扰系统的全向天线能够实时对准目标;接着,射频干扰系统完成对目标无人机 GPS 和无线遥测链路的全向射频干扰,使无人机失去控制,无法继续飞行;最后显控单元主要完成系统的状态检测、控制、态势显示及人机交互。其组件模块性能参数见表 38 - 56 所列。

表 38 - 56　神弓壹号无人机自动侦测防御系统组件模块性能特点

组件模块	性能特点
探测模块	采用有源与无源多波段双模探测,覆盖范围 10~6 000 MHz
	信号实时采集,数据刷新频率高
	全向 360°探测,无死角,探测距离≥6.5 km,探测范围广
	覆盖市场 95% 以上的主流无人机
干扰模块	全向 360°无死角,全频率覆盖,覆盖范围 20~6 000 MHz,重点干扰频段包含了国内外无人机可使用的所有飞控频段,干扰信号覆盖市场 95% 以上的主流无人机
	区域无线 Wi-Fi 技术,可精准到如覆盖区域有 10 个无线 Wi-Fi,仅干扰一个无线 Wi-Fi 的程度
	定向、全向两种干扰手段,全面防止蜂群及大功率飞行器
跟踪模块	高清晰图像分辨率,提供 1080P 全高清分辨率
	选配大角度光电发射器,最远照射半径距离≥800 m,对弱小目标跟踪稳定

神弓壹号无人机自动侦测防御系统可广泛应用于政府机构、国防军工、航空机场、炼油储油库、体育场和工业设施等领域。

十二、北京立防科技有限公司

(一) 公司基本介绍

北京立防科技有限公司[1](以下简称立防科技)创建于 2017 年,专业研发区块链、卫星导航诱骗及抗干扰等核心技术。因区块链与依托该技术建设的平台是低空经济发展的新型基础设施之一,所以该公司是一家服务低空经济发展的新型基础设施提供商。该公司的卫星导航诱骗技术与依托该技术构建的探测反制系统,以"多源探测、精准反制、地面核查"为理念,形成了"点、线、面"的低空安全解决方案。

立防科技通过产学研合作优势,逐步实现需求调研咨询平台、技术研发系统集成服务、培训比赛基地的闭环生态系统,专注低空安全,服务低空经济发展。

立防科技坚持公司使命和宗旨,顺应时代潮流,坚持与产业各界"合作共赢"的发展模式,坚持"聚焦创新执行分享"的核心价值观,以"需求、客户、技术"为导向,为客户提供高性价比的低空安全解决方案;力争发展成为最有价值、最具竞争力、最具实战力的低空安全物联网提供商。

据官网介绍,该公司的主打产品是无人机防御车——集中核心技术优势将探测和反制设备集成,全面投入对无人机防御车的研发,使其兼具探测和反制功能,保障目标场地安全。

(二) 公司产品和基本参数

1. LF‒SMART2000 查打一体化

LF‒SMART2000 查打一体化可以实现多目标探测,可同时探测 10 架以上无人机,具有提前预警功能,无人机开机即可发现,并联动报警;可区分同品牌同型号无人机实现精准反制,自动侦测识别旋转、固定翼、DIY 无人机型号,如图 38‒65 所示。其性能参数见表 38‒57 所列。

1　来源于北京立防科技有限公司官网,http://www.hmej.com。

图 38 - 65　LF - SMART2000
查打一体化

表 38 - 57　LF - SMART2000 查打一体化关键性能指标参数

性能指标	参　数
监控频率范围	300 MHz～6 GHz
探测距离(半径)	3～10 km(可选)
测向精度	优于 3°
探测空域	0～360°
响应时间	刷新时间≤1 s,无延迟
功耗	≤100 W
设备重量	≤10 kg
供电方式	220 V
组网	LAN 网络,无线

2. 无人机防御车

无人机防御车可用于多目标探测,能同时探测 10 架以上无人机,并进行提前预警,无人机开机即可被发现,并联动报警。无人机防御车可通过无源自动探测,识别无人机电子指纹,区分同品牌同型号无人机,如图 38 - 66 所示。其性能参数见表 38 - 58 所列。

图 38 - 66　无人机防御车

表 38 - 58　无人机防御车关键性能指标参数

性能指标	参　数
监控频率范围	300 MHz～6 GHz
探测距离(半径)	3～5 km(可选)
反制距离	2 km
测向精度	优于 3°
探测空域	0～360°
支持车型	福特全顺/域虎/陆地巡洋舰等
响应时间	刷新时间≤1 s,无延迟
功耗	≤100 W
设备重量	≤10 kg
供电方式	220 V
组网	LAN 网络,无线

无人机防御车主要由 LF - F2000 光电反制器模块、LF - T2000 侦测定位模块和 LF - F2001 全向干扰设备模块组成,各组件性能特点见表 38 - 59 所列。

表 38 - 59　无人机防御车各组件性能特点

组　件	性能特点
LF - F2000 光电反制器模块	采用光电模块进行探测,具有 200 万高清摄像机和 36 倍 500 万高清变焦镜头
	支持全频段反制,反制距离可以达到 2 km
	全向 360°探测,其探测距离可以达到 3~5 km
	可反制旋转、固定翼、DIY 无人机型号
LF - T2000 侦测定位模块	支持多目标探测,可同时探测 10 架以上无人机
	全向 360°探测,其探测距离可以达到 3~8 km,且探测精度优于 3°,定位精度小于 30 m
	系统响应速度快,刷新时间小于 1 s,无延迟
	可进行无源自动探测,被动信号接收,提前预警,无人机开机即可发现,并联动报警
LF - F2001 全向干扰设备模块	全向 360°干扰反制,其反制距离可以达到 3 km
	支持全频段信号(300 MHz~6 GHz)反制
	系统刷新时间≤1 s,无延迟
	支持使用 LAN 网络,无线进行组网

2019 年 9 月 17 日,中共中央总书记、国家主席、中央军委主席习近平考察郑州煤矿机械集团股份有限公司、黄河博物馆、黄河国家地质公园,公司受邀为本次调研活动提供点、线路、面全方位的无人机安全管理服务,采用固定式无源无人机探测系统和专业级无人机防御车相结合的方案,保护场馆、住地及行程线路的安全。

2019 年,立防科技为中纪委核心基地提供无人机探测、反制及指挥平台全套安全解决方案。

立防科技先后荣获"2017 年度反无人机系统(设备)十大品牌""2018 年无形截击无人机反制挑战赛创新赛全国第五名""2018 年全国首届机场防范无人机技术大赛产品特性科目全国第二名";2018 年 1 月与中国人民公安大学低空安全研究中心签署战略合作伙伴,2019 年参与起草《机场净空区无人机探测系统技术要求》行业标准。

十三、北京博宏科元信息科技有限公司

（一）公司基本介绍

北京博宏科元信息科技有限公司[1]（以下简称博宏科元）成立于 2013 年，是一家专业从事低空立体安防、交通物联网、智慧场景应用等核心产品技术研发和项目运营的国家级高新技术企业。公司拥有以航天军工博士、硕士为首的核心研发和互联网商业运营团队。博宏科元自主成功研发无人机侦测与反制，国家非机动车电子车牌及读写器、机动车电子标识及读写器等核心产品和系统平台解决方案，具有丰富的部队、公安、政府、机场、武警、电力等应用场景的部署服务经验。

据官网介绍，该公司研发的主要产品有三类，分别为侦测设备、反制设备和集成系统。各个模块各司其职，模块集成后形成同时具有信号监测定位和干扰反制的系统。

> 2021 年 7 月，博宏科元在中央军委科技委、公安部主办的全国"无形截击2021"反无人机城市环境挑战赛中，取得总分第一、单项第二的优异成绩；2018、2019 年连续两届第三名。公司连续多次独立承担国家主要领导人重要活动的全程特级安全保障；在多次全国重大任务实战选拔比测中排名第一。入选公安部【2018】741#文件推荐采购商名录，各产品和系统通过国家检测中心认证。

（二）公司产品和基本参数

1. 侦测设备

（1）DreamA -无线电侦测测向设备

DreamA -无线电侦测测向设备具备无人机信号监测识别和测向定位功能，其通过监测无人机图传和遥控信号侦测无人机，给出目标无人机型号、参数等信息。该设备采用空间谱测向体制实现无人机信号直接测向，并根据信号强度定位无人机距离。双站部署可以给出精准的二维坐标信息。DreamA -无线电侦测测向设备发现速度快，单站测向，多站定位，能在遮挡情况下工作，无电磁、声光发射，可昼夜工作，如图 38 - 67 所示。其性能参数见表 38 - 60 所列。

---

[1] 来源于北京博宏科元信息科技有限公司官网，http://www.bhky.net.cn/。

表 38 - 60　DreamA - 无线电侦测测向设备关键性能参数

图 38 - 67　DreamA - 无线
电侦测测向设备

性能指标	参　数
探测方式	无线电侦测,相关干涉仪测向,不发射无线电波,不影响周边电磁环境
探测距离(半径)	3～8 km(可选)
测向精度	优于 3°
探测范围	0～360°
探测响应时间	刷新时间≤3 s,无延迟

(2) DreamA - 光电搜索跟踪设备

　　DreamA - 光电搜索跟踪设备采用可见光电视、红外热成像、激光测距技术和图像拼接技术等对监控区域无人机目标进行高速自主搜索,并提供 360°搜索图像,发现目标后转入对无人机的跟踪、测距等,并将获取的目标数据传输给指挥控制平台,如图 38 - 68 所示。其性能参数见表 38 - 61 所列。

表 38 - 61　DreamA - 光电搜索跟踪设备关键性能参数

图 38 - 68　DreamA - 光电搜索
跟踪设备

性能指标	参　数
搜索周期	1.5s/圈
最大搜索跟踪距离	2～5 km
覆盖范围	0～360°
动态定位精度	≤3 m
功耗	800 W
跟踪精度	<0.01°
供电方式	220 V

2. 全向干扰设备 2001 型

　　全向干扰设备 2001 型可以通过构建全方位的无人机禁飞区,以环球形态发射干扰电磁波,高效屏蔽无人机信号,形成对无人机的有效屏障。全向干扰设备 2001 型覆盖无人机所有频段,智能化程度高,具有自动选择目标频段功能,打击范围广,反应灵敏,如图 38 - 69 所示。其性能参数见表 38 - 62 所列。

图 38 - 69　全向干扰设备
2001 型

表 38 - 62　全向干扰设备 2001 型关键性能指标参数

性能指标	参　数
打击模式	驱离、迫降
作用距离	1～3 km
打击频段	覆盖所有无人机工作频段,范围广(3～8 个频段可选)
作用范围	0～360°
供电	AC/220V,移动电源

3. 侦测反制一体设备

(1) DreamA-光电侦测与定向反制一体化设备

DreamA-光电侦测与定向反制一体化设备主要由无线电阻断设备与光电图像识别系统组成。反制系统通过该设备发送的电磁信号对无人机的控制信号、数据交换信号以及卫星信号进行压制,让无人机与控制终端(遥控器或控制台)完全失去数据交互,迫使无人机返航或原地降落,从而实现对无人机的驱离和捕获。该设备集成的光电跟踪设备可自动跟踪目标,截取图像进行识别,确定目标之后发出告警提示,并自动开启干扰设备,通过电磁压制技术对目标无人机进行干扰打击,迫使无人机原地悬停、原地降落或原路返航。整个系统模块化设计,方便组网部署成完整的智能化反无人机系统,如图 38 - 70 所示。其性能参数见表 38 - 63 所列。

图 38 - 70　DreamA-光电侦测
与定向反制一体化设备

表 38 - 63　DreamA-光电侦测与定向反制一体化设备关键性能指标参数

性能指标	参　数
发射频率	无人机遥控链路和导航链路,可选择使用,包括 840 MHz、900 MHz、1 575 MHz、2 400 MHz 以及 5 800 MHz
云台跟踪	≥55°/s
有效拦截距离	3～5 km
光电识别距离	2～5 km,镜头可选
天线波束	30°
有效拦截范围	云台可调节,水平 360°,俯仰 120°
有效拦截时间	从开始拦截到目标执行返航或者迫降的时间应≤5 s
图像	分辨率 200 万像素,46 倍变焦

（2）侦测反制一体式车载系统

侦测反制一体式车载防御系统适用于临时赛事活动、重要集会、应急、反恐、边防等多样化任务需要。其工作原理与固定式相同，即将测向和雷达侦测设备、定向和全向干扰设备以及智能支付控制集成在车辆上，配发给安全保障巡逻人员，如图38-71所示。该系统机动性好，可以独立行动，部署更加灵活。

图38-71　侦测反制一体式车载系统

2021年7月，在国内顶级反无人机赛事——"无形截击-2021"挑战赛中，博宏科元勇攀高峰，再创佳绩。该赛事在内蒙古自治区阿拉善盟左旗举行，汇聚了众多国内一流的无人机反制企业，最终，经过为期十余天的激烈角逐，博宏科元参赛小组凭借领先的技术优势和丰富的实践经验从比赛中脱颖而出，取得"城区单一技术手段防御科目"第二名、"城区单目标探测科目"第四名、城市环境探测和防御总分第一（162.67分）的优异成绩，切实做到了能探测、能打击。

2021年10月11—15日，联合国《生物多样性公约》缔约方大会第十五次会议（COP15）在云南昆明召开。博宏科元参与了该次大会核心区昆明滇池国际会展中心安保防御工作。联合国《生物多样性公约》缔约方大会是以生态文明为主题召开的全球性会议，在新冠肺炎全球肆虐的背景下，会议以中国云南昆明作为主会场，会议低空安防保障的重要性不言而喻。

十四、江苏锐盾警用装备制造有限公司

(一) 公司基本介绍

江苏锐盾警用装备制造有限公司[1](以下简称锐盾)创办于 2004 年,前身为靖江市百龙安防护用具厂(于 2012 年正式更名),总部地处中国经济颇具活力的长江三角洲明珠城市靖江,是国内专业从事公安单警装备、防护防暴装备、反恐处突装备、安检排爆器材、无人机拦截系统及高端警用装备系列产品研发、生产和销售的国家高新技术企业。

锐盾主要开发安防警用的相关反无人机设备,产品较为多样,在装备的装列方式上包含便携式、手持设备、车载等。该公司在研发上具有明显的反制系统和反制装备研发偏好,同时结合了多种反制手段。

> 锐盾长期与西安电子科技大学、北京某部所等国内相关知名院校、科研院所建立合作关系,先后获得发明专利、外观设计专利、实用新型专利、软件著作权等知识产权 30 余项,防割护颈技术领先,无人机拦截系统开辟了行业先河,获得了中国警用装备科技创新大奖。公司现有 200 多种产品通过了公安部、兵器部等国家权威机构检测,拥有检测报告 200 余份。该公司始终专注于高端警用装备领域的产品定制和研发,坚持"让科技迸发力量"的技术创新理念,并以此作为企业品牌宣言。

(二) 公司产品和基本参数

1. 低空探测雷达设备

低空探测雷达设备是一款方位机扫、俯仰维频率扫描的脉冲多普勒体制三坐标雷达,如图 38 - 72 所示,主要用于对低空飞行器和地面移动车辆、人员及海面船只进行探测定位。该雷达可以精确探测目标的空间位置,配接光电系统,可与干扰、激光武器、导航诱骗等反制设备集成。

图 38 - 72 低空探测雷达设备

---

1 来源于江苏锐盾警用装备制造有限公司官网,http://www.jsrd.net。

性能特点:

- 模块化设计:雷达电讯系统和机械结构上均采用模块化设计,只需要更换天线和后端信号处理算法、更新综合管理软件系统配置即可适用于多种工作方式的切换。

- 全固态、全相参的便携式监视雷达:采用 Ku 波段全固态 T/R 组件、分数阶傅里叶变换数字信号处理技术。

- 强杂波背景下的小信号检测:针对雷达杂波特性与目标回波特征,采用自适应杂波抑制算法、自适应目标匹配算法、检测前跟踪算法进行系统研究设计。

- 全自动、全天候工作:雷达系统可以做到无人值守,降低了工作难度,同时避免了电磁辐射对操作人员的干扰,具有部署灵活、全自动、全天候工作的特点。

- 适应性强:产品采用一体化设计,体积小、重量轻,可车载、三脚架架设、固定安装,适用于重要集会、局域综合布防等各类应用场景。

2. 反制装备

(1) 单兵便携式无人机反制装置 RD - MIC - Ⅻ

RD - MIC - Ⅻ 是一种单兵便携式无人机反制设备,如图 38 - 73 所示。该设备通过切断无人机与遥控器之间的通信链路以及无人机的 GPS 信号,达到驱离无人机或使其迫降的效果,从而筑造"空中屏障",有效保障目标区域的低空空域安全。其性能参数见表 38 - 64 所列。

图 38 - 73　单兵便携式无人机
反制装置 RD - MIC - Ⅻ

表 38 - 64　单兵便携式无人机反制装置 RD - MIC - Ⅻ关键性能指标参数

性能指标	参　数
发射频率	CH1:(2 400～2 483.5)MHz,CH3:(1 575～1 606)MHz
	CH2:(900～930)MHz,CH4:(5 725～5 850)MHz
尺寸	435 mm×208 mm×75 mm
发射角度	≥45°
反制距离	GPS 干扰未开启模式≥1 100 m; GPS 干扰开启模式≥1 300 m
反应时间	≤4 s
待机时间	≥48 h
续航时间	≥50 min(不要更换电池)

(2) 无人机全向拦截系统 RD-GRY-01

RD-GRY-01 是一种无人机全向拦截系统,如图 38-74 所示。该系统通过对安全区域周边的信号进行探测,阻断无人机与遥控器之间的通信链路,以及无人机的 GPS 信号,实现驱离无人机或使其迫降的效果。其性能参数见表 38-65 所列。

表 38-65　无人机全向拦截系统 RD-GRY-01 关键性能指标参数

性能指标	参　数
频率范围	400～5 800 MHz
发射功率	120 W
拦截距离	全向半径 1 500 m
拦截角度	水平 360°/仰角 60°/俯角 20°
供电时长	1 h
供电方式	内置高容量锂电池
产品尺寸	630 mm×500 mm×300 mm

**图 38-74　无人机全向拦截
系统 RD-GRY-01**

3. 无人机侦测反制系统

除了研发警用手持的一些反无人机产品外,锐盾也开发了基于地基固定或者车载的反无人机系统,这些系统极大地提高了对重要场所的安全保障。其中无人机侦测反制系统是一种工作在固定频点的侦查雷达系统,该系统以地基方式部署,可以获得全向的侦查拦截,如图 38-75 所示。其性能参数见表 38-66 所列。

表 38-66　无人机侦测反制系统关键性能指标参数

性能指标	参　数
频率范围	0.433/0.8/0.9/1.2/1.5/2.4/5.8 GHz
发射功率	频谱侦测+软件算法
拦截距离	全向
拦截角度	全向半径 1 500 m
供电时长	可全天候无人值守
供电方式	AC220 V
产品尺寸	555 mm×555 mm×441 mm

图 38-75　无人机侦测反制系统

公安部警用装备采购中心 2018—2019 年度协议供货单位竞标结果已全部公布。江苏锐盾警用装备制造有限公司凭借着出色的研发设计能力、制造销售能力和售后服务能力,在此次竞标中脱颖而出,共有 8 大项目、285 包、399 件产品成功入围,入围产品的包数和产品的数量位居全国榜首,这是公安部及其各级机构对警用装备行业的一次"大阅兵"。

2017 年,锐盾 RD‐LJXT‐01 型无人机拦截系统获得科技创新大奖。

第七篇
世界典型反无人机装备发展分析

无人机作为战争主体应用于作战的趋势已然兴起,其作战效能和安全威胁已经引起了各国的广泛注意,世界主要军事强国均开展了相关研究和产品研发。反无人机市场的热度也正在逐渐升温,各产品供应商均积极为军方、政府和要地低空安全提供服务。

本书共收集整理国外 11 个国家和地区的 51 个反无人机装备或系统(具体统计结果见附录 C),区别于第一篇对反无人机技术发展趋势的总体性分析,本篇主要从反无人机装备研制发展的国家地区、研发时间、装备主要技术和装备平台类型等多维度多粒度开展对比分析。

第三十九章　反无人机系统研发呈现百花齐放的局面

本书收集整理的国外 51 个反无人机装备或系统,按照国别地区划分来看,其中美国 15 个,欧洲 12 个(英国 4 个、德国 2 个、意大利 3 个、荷兰 1 个、瑞典 1 个、土耳其 1 个),俄罗斯 12 个,其他国家 12 个(以色列 8 个、澳大利亚 3 个、加拿大 1 个),具体情况见表 39 - 1 所列。

表 39 - 1　世界主要地区反无人机装备数量

时间段	国家与地区											时间维度总和
	美国	俄罗斯	欧洲地区						其他地区			
			英国	德国	意大利	荷兰	瑞典	土耳其	以色列	澳大利亚	加拿大	
2010 年前	2	2	0	0	0	0	0	0	1	0	0	5
2010—2014	1	3	0	0	0	0	0	0	1	0	0	5

时间段	美国	俄罗斯	欧洲地区						其他地区			时间维度总和
			英国	德国	意大利	荷兰	瑞典	土耳其	以色列	澳大利亚	加拿大	
2015—2019	11	7	2	1	3	1	1	1	5	3	1	36
2020 至今	1	0	2	1	0	0	0	0	1	0	0	5
地区维度总和	15	12	4	2	3	1	1	1	8	3	1	51
			12						12			

一、研制分布情况解析

总体来看,传统的军事强国较早就开始了对反无人机系统装备的研发和列装,且对其有持续的关注和发展。其中,美国与俄罗斯在各种技术路线中均有成熟的反无人机系统,涵盖大、中、小全谱系反无人机型号装备,两国研发企业和研究院所众多,且实力雄厚,技术供应链和产品供应链完整,装备研发生产能力强,处于技术发展和装备建设的领先地位。英、德、意、澳等国在反无人机领域均有建树,形成了具有本国特色的反无人机装备。近年来,以色列异军突起,在全球防务市场上一直处于前列,反映在反无人机装备发展上也是如此,其反无人机产品无论是型号数量还是作战效能,均不逊色于美、俄。

数据层面,美国的反无人机系统装备总共有 15 项,是目前世界上反无人机系统装备最多的国家。俄罗斯的反无人机系统装备总共有 12 项,仅次于美国。以以色列为代表的其他地区拥有反无人机系统装备共 12 项,其中以色列有 8 项,占 67%,澳大利亚有 3 项,加拿大有 1 项。以色列在反无人机装备上研发时间早,发展速度快,成果相对多,仅次于美、俄两大军事强国。欧洲地区也是不可小觑的反无人机装备发展力量,拥有反无人机系统装备共 12 项,其中英国有 4 项,意大利有 3 项,德国有 2 项,荷兰、瑞典、土耳其分别有 1 项。欧洲地区反无人机系统装备以英、意、德为主,这与其传统的军事实力相匹配,虽然总体上数量不算少,但由于其参与国家众多,没有在反无人机装备方面形成突出的国家优势。

世界各国在反无人机系统研发上呈现百花齐放的局面,究其原因主要有以下两点:

一是世界各军事强国均在反无人机领域谋篇布局。美国和俄罗斯作为老牌军事强国,军事和经济实力雄厚,在反无人机领域均投入大量经费和人力资源。俄罗斯在 2020 年前对无人机领域的预算就高达 130 亿美元,用于建设无人机作战系统科研体系,以及加强军用无人机与反无人机的技术研发。美国国会研究服务局于 2022 年 5 月 31 日向国会提交了《国防部反无人机系统》的最新报告,指出美国国防部计划在 2023 财年至少投入 6.68 亿美元用于反无人机技术的研发,此外用于采购反无人机武器的费用也将达到 7800 万美元以上。

二是传统军工积累雄厚。在 20 世纪 70 年代初,以色列就开始研制无人机,到如今已经持续了近半个世纪。近年来以色列在无人机市场上的份额约占 40%,被公认为世界无人机领域的领先国家之一。不难发现,在无人机领域工作动手越早,越容易成功。当其他国家还在论证研制无人机的可能性时,以色列在这一领域已经拥有丰富的经验。而欧洲各国也结合自身传统军工积累和工业化雄厚基础,在对无人机的潜力和发展前景准确评估的基础上,对无人机和反无人机装备的研发给予了必要的支持,使得各项目的研制得以提速,为列装新型无人机提供了宝贵经验。

二、装备发展情况解析

从时间发展来看,2015 年前是世界反无人机装备发展的萌芽起步阶段,该阶段有 10 项反无人机装备;2015—2019 年有 36 项装备,属于装备发展的黄金爆发期;2020 年以后则进入成熟稳定阶段,这期间全球共研发 5 项反无人机装备成果。

2010 年以前,全球范围内对反无人机装备的研究较少,共有 5 项装备列装使用。2003 年,美国最早改进 AN/MPQ-64 "哨兵" 雷达、Ku 波段射频系统,并成功应用于反无人机作业,随后其他国家也陆续开始对反无人机装备进行初步研究。2000—2009 年,美国、俄罗斯和瑞典开始对反无人机装备进行初步探索,形成了相关装备研制成果。总体上看,2010 年以前的全球反无人机装备发展还处于起步阶段,该阶段的研究成果和参与研发的国家均相对较少。

2010—2014 年,世界主要军事国家共研发了 5 种反无人机装备,其中以俄罗斯的 3 项装备为主,美国、以色列分别有 1 项,在反无人机装备中有持续的研究和研发动力。此外,这 5 年间没有新的国家参与反无人装备的列装。因此,2010—2015 年,反无人机装备的发展相对迟缓,这与当时的国际环境、无人机装备的发展等有着密切的联系。

2015—2019 年,反无人机装备的研发和应用进入高速发展期,这期间总共列装反无人机成果 36 项,是此前所有反无人装备总和的 3.6 倍。世界各地在不同程度上均有一定的发展,反无人机装备的研发数量和参与研发的国家数量,均出现井喷式的发展状态,尤其是传统军事强国,更是着力发展反无人机装备,并进行实战化演习与作战应用。美国一马当先,在这 5 年间研发列装 11 种反无人机装备系统,期间以

2015年、2017年、2019年为盛,不仅在数量上遥遥领先于其他国家,在装备的发展类型、作用方式和作用对象等方面更是有较大的拓展。俄罗斯和以色列在这段时间中,虽然数量不及美国,但也是反无人机系统研发和列装的主力选手,分别有7项和5项成果列装。此外,英、德、意等欧洲国家和澳大利亚、加拿大等国也陆续在这一时段开展反无人机装备研发和列装。总体来说,2015—2019年是世界反无人机装备发展的黄金期,全球多个国家开始发展反无人机装备,在世界较大范围内开始重视反无人机装备的研发和列装。

2020年至今,全球各地仍在持续发展反无人机装备,共有5项列装成果。其中,美国、英国、德国和以色列均有建树。这一时段的研发特点是地域分布较广,且均为此前在反无人机装备建设发展领域有所成就的国家,世界反无人装备发展已经逐步进入成熟稳定时期。

反无人机装备发展起伏与无人机在军民领域的成熟应用与快速发展密切相关。2015年以来,无人机在军民两用领域快速兴起,联动引发相关领域的无人机管制需求激增。在民用领域,无人机在航拍、测绘、送货、救援等方面发挥着重要作用,在带来无人机市场迅猛增长的同时,也影响着航空秩序,容易导致无人机闯入敏感区域、"黑飞"等现象的出现。在军事领域,目前无人机的作战功能正在向隐身突防、通信中继、集群作战等功能扩展,甚至在近几次的地区冲突中,无人机已经作为战争主体进行作战,颠覆性地改变了战争进程。同时,人工智能技术的赋能大大增强了无人机蜂群的操控性和作战能力,在美国陆军开展的"会聚工程2022"演习中,一名操作员可以操控多架无人机或无人机蜂群进行作战。针对日趋严峻的无人机威胁,反无人机在各类武器装备上的应用逐渐成为发展热点。

随着反无人机在全球范围的发展,各国开始制定针对反无人机的发展政策,这也是反无人机技术在2015—2020年间得到蓬勃发展的一个重要因素。美国从2012年开始制定反无人机战略,计划设计建立有效的防空体系——既能迅速应对敌方无人机的威胁,又不会误伤友军的飞机导弹。这一战略旨在利用美军的技术优势,迅速抢占反无人机领域的制高点。俄罗斯从战略制定、机构设置、研发投入以及实战演习部署等多个方面同步发力,形成快速转化应用通道,把反无人机装备推送到战场进行实战建议,全面提升部队反无人机作战能力。英国政府将反无人机技术作为2016年公布的有关无人系统战略的一部分,其中代号为COI4的反无人机信息中心正在针对政府重点关注的恐怖活动、袭击事件、隐私侵害、抗议、运输危险和违禁物品以及过失闯入等无人机使用不当问题开展相关研究。

第四十章 反无人机技术的主流路线逐渐形成

如前文所述,无论是探测、识别、跟踪,还是拒止、驱离、打击、拦截等技术,各种技术与技术都各有优缺点和适用范围,但在理想情况下,各种技术融合集成、相互衔接、各取所长。因此,在实际装备建设和系统研发中,根据我们的整理分析,可以较为清晰地发现,市场上反无人机系统层出不穷,但主流技术路线已经逐步形成。

一、宏观总体视角解析

从单一技术点来看,在探测识别技术方面,低空雷达探测仍然是使用最多的探测技术,即使针对无人机,雷达探测存在 RCS 面积小、地杂波影响大等困难和制约。除了依靠人类目视发现、瞄准无人机目标的手持反无人机装备,大部分反无人机装备依然将雷达探测作为其主要探测手段或者探测手段之一,这主要是因为雷达探测最适合大面积的侦察监视。无线电探测技术可以作为独立探测手段使用,且基本上会和电磁干扰这一类阻拦、压制技术联合使用,形成察打一体化发展。光学手段是识别入侵无人机并进行跟踪的有效手段,常和雷达探测等探测技术联合使用,声学识别一般作为辅助识别技术。在反制技术方面,导航诱骗、链路劫持等技术手段较少采用,一是因为难度较大、门槛高,二是公开市场的反无人机装备会考虑其合理合法性,同时就如同黑客寻找漏洞攻击一样,一旦公开对哪个漏洞采取哪种攻击手段,漏洞很快就会被打上补丁,电子诱骗手段一旦公开,很快就会失效。

从技术组合角度来看,世界反无人机装备共累积了78种技术组合路径。阻断干扰在反无人机作战中是颇受青睐的反制手段,俄罗斯在2010年以前就将阻断干扰应用于反无人机装备。阻断干扰分别与雷达探测、光电探测和以无线电、红外线为代表的其他电磁波进行结合,形成较多的发展成果,分别有12项、11项和13项。其中,"其他电磁波+阻断干扰"组合是目前世界反无装备中采用最多的技术组合路径。此外,火力毁伤作为传统防空手段,各个国家基本都采用过其与各式探测技术进行组合使用。"雷达探测+火力毁伤"组合是较为主流的技术组合,共有11项技术成果;"光电探测+火力毁伤"也是较为流行的技术组合,目前有8项技术成果。综上所述,国际主流的技术发展路径有"雷达探测+火力毁伤""光电探测+火力毁伤""雷达探测+阻断干扰""光电探测+阻断干扰""其他电磁波+阻断干扰",具体见表40-1所列。

表 40-1　世界主流地区技术组合路径

时间段	技术组合 雷达探测+ 火力毁伤	网捕	定向能	阻断干扰	诱骗控制	光电探测+ 火力毁伤	网捕	定向能	阻断干扰	诱骗控制	其他电磁波+ 火力毁伤	网捕	定向能	阻断干扰	诱骗控制	时间维度总和
2010年前	2(以色列1 俄罗斯1)	0	0	1(俄罗斯)	0	1(俄罗斯)	0	0	0	0	0	0	0	1(俄罗斯)	0	5
2010—2014	3(俄罗斯2 以色列1)	0	1(美国)	0	0	3(俄罗斯)	0	1(美国)	0	0	0	0	0	0	0	8
2015—2019	6(美国3 以色列2 土耳其1)	1(荷兰)	4(美国2 以色列1 土耳其1)	11(美国3 土耳其1 以色列4 意大利1 英国1 俄罗斯1)	2(美国1 以色列1)	4(美国2 以色列1 土耳其1)	1(英国)	3(美国1 俄罗斯1 土耳其1)	11(美国1 俄罗斯3 以色列3 意大利1 土耳其1 加拿大1 英国1)	1(以色列)	2(美国1 以色列1)	1(荷兰)	2(美国)	10(以色列3 意大利1 美国1 俄罗斯2 德国1 澳大利亚2)	3(澳大利亚2 以色列1)	62
2020至今	0	0	1(美国)	0	0	0	0	0	0	0	0	0	0	2(英国)	0	3
技术维度总和	11	1	6	12	2	8	1	4	11	1	2	1	2	13	3	78

2010 年之前,由于反无人机装备数量较少,技术路径也较少,只有 5 项技术成果,主要依托传统防空手段升级改进,采用"雷达探测＋火力毁伤"的技术组合。该技术组合以雷达探测为主要探测方式,以火力毁伤为主要杀伤方式。

2010—2014 年间,共发展了 8 项反无人机装备技术组合,主要依托之前的技术基础,采用"雷达探测/光电探测＋火力毁伤"的技术组合。该技术组合用雷达探测与光电探测相结合的方式侦察作业,以火力毁伤为主要反制方式。

2015—2019 年间,反无人机装备数量剧增,出现了更多种类的技术组合路径,在探测方式上增加了无线电等其他电磁波手段,在反制方式上出现了定向能、网捕、诱骗控制等手段。在这 5 年间,较为主流的技术组合路径有"雷达探测＋阻断干扰"(11项),"光电探测＋阻断干扰"(11 项),"其他电磁波＋阻断干扰"(10 项)。此外,"雷达探测＋火力毁伤"的组合也是发展略多的技术组合,拥有 6 项技术成果。

2020 年至今,反无人机装备数量相对较少,主要以其他电磁波为主要的探测技术,持续发展"其他电磁波＋阻断干扰"(2 项)的技术组合路径。

当前反无人机装备技术路径发展趋势形成的原因,主要有以下三点:

一是雷达探测技术的成熟。20 世纪 50 年代至 60 年代,随着航空航天技术的飞速发展,出现了如脉冲多普勒雷达、合成孔径雷达以及相控阵雷达等新体制雷达,为反无人机装备技术提供了探测基础。70 年代以后,由于发展反弹道导弹、空间卫星探测与监视、军用对地侦察等的需要,研制出了无源相控阵雷达、毫米波雷达等雷达探测技术。这些成熟的雷达探测技术在使用的过程中具有能够满足远距离探测、对目标定位精确、反应效率高等优点,因此雷达探测与火力毁伤或者阻断干扰相结合的杀伤方式成为反无人机里最普遍的组合探测杀伤方式。

二是复杂环境下探测手段升级。在城市环境中由于周边干扰较多,雷达探测的检测较为困难且误差大,而光电探测、红外和声学等射频干扰系统可以扫描大部分无人机的工作频率,检测、定位和识别附近的无人机。因此,可以将雷达探测技术与干扰诱骗等软杀伤技术相结合,进行反无人机应用。该技术组合的缺点是无法感知处于电磁静默状态下的无人机,且在复杂环境下容易受同频信号的干扰。在城市环境下单一手段难以有效探测无人机目标,因此形成了多种探测手段结合的城市无人机防御系统。

三是火力毁伤打击技术的改进。传统的火力毁伤打击手段杀伤力强,但价格昂贵,成本高,不适用于蜂群型的反无人机和近年来出现的小型无人机。除军事领域的反无人机外,诱骗干扰以及网捕技术也因其易于实现、成本低且高效可行,开始应用于反无人机装备。

二、"国家地区"视角解析

从国家地区的角度来看,各国的主流技术组合相对均衡,共形成了15类78种技术组合样式,见表40-2所列,呈现出百家争鸣、百花齐放的多元竞争态势。

需要说明的是,在本书进行数据分类统计过程中,由于部分反无人机装备是综合类装备,集成了多种探测和反制手段,如美国的"沉默射手"反无人机系统就是集雷达、光电、其他电磁波三种探测手段和兼顾软杀伤及硬杀伤的反无人机装备,而本章技术组合路径表以单一的探测手段+单一的杀伤方式为统计单元,因此在数据统计中会出现技术路径组合超过装备总和的情况。

表40-2 世界各国技术组合路径

技术组合	国家与地区											总和
	美国	俄罗斯	欧洲地区						其他地区			
			英国	德国	意大利	荷兰	瑞典	土耳其	以色列	澳大利亚	加拿大	
雷达探测+火力毁伤	3	3	0	0	0	0	0	1	4	0	0	11
雷达探测+网捕	0	0	0	0	0	1	0	0	0	0	0	1
雷达探测+定向能	4	0	0	0	0	0	0	1	1	0	0	6
雷达探测+阻断干扰	3	2	1	0	0	0	0	1	4	0	0	12
雷达探测+诱骗控制	1	0	0	0	0	0	0	0	1	0	0	2
光电探测+火力毁伤	2	4	0	0	0	0	0	0	1	0	0	8
光电探测+网捕	0	0	0	0	0	0	0	0	1	0	0	1
光电探测+定向能	2	1	0	0	0	0	0	0	0	0	0	4
光电探测+阻断干扰	1	3	1	0	0	0	0	0	3	0	0	11
光电探测+诱骗控制	0	0	0	0	0	0	0	0	1	0	0	1
其他电磁波+火力毁伤	1	0	0	0	0	0	0	0	0	0	0	2
其他电磁波+网捕	0	0	0	0	0	1	0	0	0	0	0	1
其他电磁波+定向能	2	0	0	0	0	0	0	0	0	0	0	2
其他电磁波+阻断干扰	1	3	2	1	1	0	0	0	3	2	0	13
其他电磁波+诱骗控制	0	0	0	0	0	0	0	0	1	2	0	3
共计	20	16	5	1	3	2	0	6	20	4	1	78

(一)雷达探测为主,多源反制齐头并进的美国模式

美国对雷达探测的应用较为广泛,形成以"雷达探测+火力毁伤""雷达探测+阻断干扰"为主的多元技术组合。从收集数据来看,美国主要由国防部等相关机构牵头,带领实力雄厚的军事供应商和防务公司开展反无人机系统的研制。其发展路

径贴合较为明显的阶段性曲线。美国技术组合路径见表 40-3 所列。

表 40-3 美国技术组合路径

时间段	技术组合														
	雷达探测＋					光电探测＋					其他电磁波＋				
	火力毁伤	网捕	定向能	阻断干扰	诱骗控制	火力毁伤	网捕	定向能	阻断干扰	诱骗控制	火力毁伤	网捕	定向能	阻断干扰	诱骗控制
2010 年以前	0	0	0	0	0	0	0	0	0	0	0	0	0	0	0
2010—2014	0	0	1	0	0	0	0	1	0	0	0	0	0	0	0
2015—2019	3	0	2	3	1	2	0	1	1	1	1	0	2	1	0
2020 至今	0	0	1	0	0	0	0	0	0	0	0	0	0	0	0

可以看出,美国在探测方式和杀伤方式的技术组合路径上有较多的创新,共研制出 10 项技术组合。其中,以"雷达探测＋火力毁伤"(3 项)、"雷达探测＋阻断干扰"(3 项)为主要的技术组合。这些技术组合以雷达探测为探测方式,综合了其他的杀伤方式,如火力毁伤、定向能、阻断干扰、诱骗控制等,形成 4 种组合路径。光电探测综合其他的杀伤方式(如火力毁伤、网捕、定向能、阻断干扰)的技术组合也不少,共有 3 种技术组合路径。以其他电磁波为探测方式的组合路径有 3 种,分别与火力毁伤、定向能和阻断干扰相结合。

值得一提的是,火力毁伤作为之前世界反无人机装备中较为主流的杀伤方式,美国也较为重视。在技术组合中,3 种探测方式都分别与火力毁伤相结合,有列装的系统,数量不少,共计 6 项装备。定向能也是首次作为杀伤方式被应用于反无人机装备中,因此应用较多,3 种探测方式与其相结合共形成 6 项技术组合。阻断干扰作为杀伤方式也开始被大规模应用,有 5 项装备组合。而网捕和诱骗控制这两种杀伤方式成果相对较少。

2020 年后,美国在定向能毁伤方面有了长足的进步,在反无人机技术方面也着重选择发展了"雷达探测＋定向能"这一组技术组合路径开展研究,并形成产品。

(二) 多元探测组合,阻断干扰为主的欧洲模式

欧洲地区主要由以国防公司和科技工业公司带头开展反无人机系统的研制。欧洲各国工业界仍然将反无人机领域视为一个快速扩张的领域,特别是政府和商业团体驱动了一系列短、中、长期的重要需求。在反制手段方面,欧洲更加青睐阻断干扰技术,形成了以"雷达探测＋阻断干扰""光电探测＋阻断干扰""其他电磁波＋阻断干扰"为主的技术组合。欧洲地区技术组合路径见表 40-4 所列。

表 40 - 4　欧洲地区技术组合路径

时间段	技术组合														
	雷达探测＋					光电探测＋					其他电磁波＋				
	火力毁伤	网捕	定向能	阻断干扰	诱骗控制	火力毁伤	网捕	定向能	阻断干扰	诱骗控制	火力毁伤	网捕	定向能	阻断干扰	诱骗控制
2010 年前	0	0	0	0	0	0	0	0	0	0	0	0	0	0	0
2010—2014	0	0	0	0	0	0	0	0	0	0	0	0	0	0	0
2015—2019	1	1	1	3	0	1	1	1	3	0	0	1	0	2	0
2020 至今	0	0	0	0	0	0	0	0	0	0	0	0	0	2	0

从装备发展时间路径来看,2015 年以前,受各方面因素的影响,欧洲国家对反无人机装备的研发和探索尚未起步,直到 2015—2019 年间才有所突破。在此期间,欧洲开始重点发展阻断干扰杀伤方式,充分探索多种探测方式与阻断干扰杀伤的有效组合,形成诸多典型反无人机技术组合,其中"雷达探测＋阻断干扰"有 3 型装备,"光电探测＋阻断干扰"有 3 型装备,"其他电磁波＋阻断干扰"有 2 型装备。进入 2020 年后,欧洲地区(主要是英国)继续发展"其他电磁波＋阻断干扰"这一技术组合路径,形成 2 项技术成果,延续了之前的发展路径。

同时,根据梳理相关国家的典型装备可以看出,欧洲地区典型反无人机装备主要呈现出小型化、自动智能化以及模块集成的三个明显趋势。欧洲研发装备较多,包括各类便携式手枪,如 K9 电气公司的"无人机终结者"反无人机步枪系列;自动智能化是近年来欧洲反无人机装备发展的主力方向,各项装备都积极向智能化靠拢,如 Dedrone 公司的"无人机追踪者"系统;模块集成也是欧洲装备较为明显的发展趋势,如德国罗德与施瓦茨公司的 R&S ARDRONIS 反无人机系统就带有明显的模块集成标志。

(三)光电探测为主,火力毁伤与阻断干扰并重的俄罗斯模式

多年来,俄罗斯着眼无人机反制,研发列装了多种型号的反无人机装备系统。据收集装备数据,从总体上看,探测识别技术以光电探测为主,部分装备采用雷达和其他电磁波探测技术;反制技术方面,俄罗斯主要依托传统防空力量和强大电子战力量,形成了以火力毁伤和阻断干扰并重的反制手段,近年来随着俄激光武器的进步发展,也形成了定向能反制杀伤能力。俄罗斯技术组合路径见表 40 - 5 所列。

表 40 - 5　俄罗斯技术组合路径

时间段	技术组合														
	雷达探测＋					光电探测＋					其他电磁波＋				
	火力毁伤	网捕	定向能	阻断干扰	诱骗控制	火力毁伤	网捕	定向能	阻断干扰	诱骗控制	火力毁伤	网捕	定向能	阻断干扰	诱骗控制
2010 年前	1	0	0	1	0	1	0	0	0	0	0	0	0	1	0
2010—2014	2	0	0	0	0	3	0	0	0	0	0	0	0	0	0
2015—2019	0	0	0	1	0	0	0	1	3	0	0	0	0	2	0
2020 至今	0	0	0	0	0	0	0	0	0	0	0	0	0	0	0

从装备发展时间路径来看,2010 年以前,俄罗斯主要依托传统防空力量和强大电子战力量,形成了以火力毁伤和阻断干扰为主的反制手段,探测识别方面雷达、光电和其他电磁波探测技术均有所发展。2010—2014 年间,俄罗斯综合两种雷达和光电探测方式,通过改进传统防空力量,重点发展火力毁伤,形成了"雷达探测/光电探测＋火力毁伤"的主流技术路径。2015—2019 年间,俄罗斯电子战技术与装备在继承前苏联电子战技术的基础上,又有了进一步的发展和壮大,并投入实战中以发挥显著的作战效能。2020 年至今,俄罗斯暂未公布任何新组合路径。基本可以研判,俄罗斯的反无人机装备技术路径逐步形成了光电探测为主、火力毁伤与阻断干扰并重的技术路线。

(四) 多样化技术路径探索的其他地区模式

以以色列为代表的其他地区,虽包含国家较少,但也形成了较为明显的技术组合路径,主要包括"雷达探测＋火力毁伤""光电探测＋阻断干扰""其他电磁波＋诱骗控制"等。值得一提的是,以色列和澳大利亚率先研制出"其他电磁波＋诱骗控制"的技术组合反无人机装备。以以色列为代表的其他地区技术组合路径见表 40 - 6 所列。

表 40 - 6　以以色列为代表的其他地区技术组合路径

时间段	技术组合														
	雷达探测＋					光电探测＋					其他电磁波＋				
	火力毁伤	网捕	定向能	阻断干扰	诱骗控制	火力毁伤	网捕	定向能	阻断干扰	诱骗控制	火力毁伤	网捕	定向能	阻断干扰	诱骗控制
2010 年前	1	0	0	0	0	0	0	0	0	0	0	0	0	0	0
2010—2014	1	0	0	0	0	0	0	0	0	0	0	0	0	0	0
2015—2019	2	0	1	4	1	1	0	0	4	1	1	0	0	5	3
2020 至今	0	0	0	0	0	0	0	0	0	0	0	0	0	1	0

从装备发展时间路径来看,2010 年以前,以以色列为代表的其他地区主要采用单一的"雷达探测＋火力毁伤"技术组合路径。2010—2014 年间,由于世界反无人机发展态势较为迟缓,未拓展新的技术组合路径。2015—2019 年间,以以色列为代表的其他地区也有较多的技术组合路径,该地区是组合最丰富的地区,在探测方式和杀伤方式的组合上有诸多突破,共有 10 项技术组合。包括:"雷达探测＋火力毁伤"(2 项),"雷达探测＋阻断干扰","光电探测＋阻断干扰"(4 项),"其他电磁波＋阻断干扰"(5 项),"其他电磁波＋诱骗控制"(3 项)。在这些组合中,除传统的"雷达探测＋火力毁伤"外,其他组合都是以色列新发展的研究方向。阻断干扰是以色列地区投入较多的反制方式,该技术与 3 种探测方式结合,共产生 13 项列装系统,有不错的发展。2020 年至今,以以色列为代表的其他地区暂未出现新动态。可以说,以以色列为代表的其他地区一直以来尝试探索多样化技术路径组合,以谋求最优的反无人机防卫效果。

第四十一章 装备系统向着多平台适配、个性化配置、系列化、多能化等方向发展

从现阶段数据整理来看,世界主要军事国家反无人机装备系统主要通过手持装备、以载荷形式搭载在车、船、飞机等载具平台和综合集成系统3种形式列装使用。目前来看,载具平台是主要搭载手段,手持装备和综合集成系统均有所发展。在3种类型的平台中,载具平台数量最多,占总体一半,达到手持装备和综合集成系统平台数之和,综合集成系统最少,仅达总数的1/5。

世界主要地区反无人机装备搭载平台见表41-1所列。

2010年以前,综合集成系统平台是发展较早的,且被主要应用的反无人机装备平台。2010—2014年间,列装反无人机装备的军事国家也较少,以载具为主要搭载平台。2015—2019年间,发展最快的搭载平台是载具平台,在四大地区中共有8个国家对此进行了较为深入的研究和发展,共计19项系统列装。手持也在这一时段发展迅速且应用于多个国家,四大地区中共有7个国家都对手持反无人机装备有较大的发展,共列装11项系统。综合集成系统受应用场景与规模的限制,成品相对较少,但也有一定的发展。在这段时期内,有4个国家6项平台列装。虽然综合集成系统平台出现相对较少,但多型载具平台都留有接口,能够与第三方工具、传感器很好地集成,具有良好的兼容性和可拓展性,如场景需要亦可以快速组合形成综合反无人机系统。2020年至今,手持平台和载具平台均有一定的发展,在三大地区中均有应用3项装备。分析其发展趋势的原因,主要有以下两点:

一是传感器技术的发展。反无人机任务高度依赖先进传感器、长航时平台、用以警戒空域图像的数据融合以及用于整理并分析传入数据的人工智能技术。在2010年以前,传感器尺寸较大,功耗也较大,因此大型综合集成系统的集成程度相对于车船移动式和手持式反无人机来说契合度更高。而近年以来,传感器技术得到了蓬勃发展,集成程度高,这就促进了手持式装备的研制。

二是应用场景的需要。在2010年以前,反无人机在军事领域的应用较多,多装载于车、船等移动式平台或是以综合大型平台出现,且打击目标多为飞机或较大型的无人机,主要从大型的反导系统演变而来。因此,移动式平台具备功率低和多种部署结构的特点。反无人机侦测和打击设备被集成在一辆或几辆车上,可以实现一定范围内反无人防空领域的灵活部署,这相较于传统的固定式反无人机平台,更难被打击。在2015年以后,手持式反无人机系统开始发展,由于手持式装备具有体积小、重量轻、随时启动工作等优点,因此既可以部署在城市,也可以部署在战场,在实现城市反无人机的空中安防保证的同时,也可以实现战场反无的灵活配置,减少战场资源浪费。

表 41-1　世界主要地区反无人机装备搭载平台

时间段	技术组合 雷达探测+ 火力毁伤	网捕	定向能	阻断干扰	诱骗控制	光电探测+ 火力毁伤	网捕	定向能	阻断干扰	诱骗控制	其他电磁波+ 火力毁伤	网捕	定向能	阻断干扰	诱骗控制	平台 手持	载具	综合系统	时间维度总和
2010年前	2 (以色列1 俄罗斯1)	0	0	1 (俄罗斯)	0	0	0	0	0	0	0	0	0	1 (俄罗斯)	0	0	1 (以色列)	3 (以色列1 俄罗斯2)	4
2010—2014	3 (俄罗斯2 以色列1)	0	1 (美国)	0	0	3 (俄罗斯)	0	1 (美国)	0	0	0	0	0	1 (俄罗斯)	0	1 (俄罗斯)	3 (俄罗斯2 美国1)	1 (以色列)	5
2015—2019	6 (美国3 以色列2 土耳其1)	1 (荷兰1)	4 (美国2 以色列1 土耳其1)	11 (美国3 土耳其1 以色列4 意大利1 英国1 俄罗斯1)	2 (美国1 以色列1)	4 (美国2 以色列1 土耳其1)	1 (英国)	3 (美国1 俄罗斯1 土耳其1)	11 (美国1 俄罗斯3 以色列3 意大利1 土耳其1 加拿大1 英国1)	1 (以色列)	2 (美国1 以色列1)	1 (荷兰)	2 (美国)	10 (以色列3 意大利1 俄罗斯1 德国1 澳大利亚2)	3 (澳大利亚2 以色列1)	11 (美国4 俄罗斯1 澳大利亚2 加拿大1 荷兰1 意大利1 英国1)	19 (美国4 俄罗斯5 以色列4 意大利2 德国1 土耳其1 英国1 澳大利亚1)	6 (以色列1 美国3 俄罗斯1 瑞典1)	36
2020至今	0	0	1 (美国)	0	0	0	0	0	0	0	0	0	0	2 (英国)	0	3 (英国2 德国1)	3 (美国1 德国1 以色列1)	0	6
技术+平台维度总和	11	1	6	12	2	8	1	4	11	1	2	1	2	13	3	15	26	10	51

　　在硬件性能越来越接近，没有存在巨大差距的情况下，反无人机系统开始尝试在软件系统上提升性能。一个显著趋势就是，不止一种反无人机系统宣称其采用深度学习等人工智能技术，并依靠自身的关于无人机目标特性的强大数据库，以提高无人机目标识别效率。同时随着无人机的智能化水平的提高，反无人机系统技术也需要不断提高智能化水平，入侵与反制的对抗逐步向智能对抗的层次演进和发展。一方面是反无人机系统自身智能化水平，未来反无人机系统将摆脱远程遥控操作方式，真正实现无人自主化，同时不断提升对时、空、频域的快速适应能力，提高整体智能化水平；另一方面，瞄准无人平台智能化控制系统实施对抗，随着平台能力和智能化水平提升，无人机将脱离测控链路，依靠智能控制系统完全自主工作，因此，反制系统需要瞄准无人机智能化飞行控制系统的脆弱之处开展攻击技术研究，用智能手段达成反智能化无人机系统的目的。

　　此外，为适应多种使用环境，多数反无人机系统都强调其可以适用于固定式、移动式（如车载）等多种平台，同时为数不少的反无人机系统都留有接口，能够与第三方工具、传感器很好地集成，这将极大提高反无人机系统的通用性和实用性。不少厂商还在致力于提高产品的模块化、标准化和通用化，将探测、反制等子系统解绑，实现松耦合，既可以根据用户的需求实现定制，以便于同时满足多种用户的反制需求和经费需求；同时也便于厂商的系统升级迭代，形成系列化产品。同时基于模块化、标准化和通用化，实现多能化，综合多种技术手段，通过协同提高使用效能，探测技术向"雷光电探测"多源融合方向发展，实现对无人机的大范围探测和高精度识别，以及侦察打击一体化、软杀伤"与"硬杀伤"系统一体化发展。

附录 A 　缩写词和缩略语列表

英文缩写	英文全称	中文解释
ADS	Air Defense Systems	防空系统
AFRL	Air Force Research Laboratory	美国空军研究实验室
AOA	Angle-of-Arrival	到达角度测距
BDS	BeiDou Navigation Satellite System	北斗卫星导航系统
BMC	Baseboard Manager Controller	基板管理控制器
C2	Command and Control	指挥控制
C3I	Command、Control 、Communication	指挥、控制和通信
C4ISR	Command、Control、Communication、Computer、Intelligence、Surveillance、Reconnaissance	指挥、控制、通信、计算机、情报、监视和侦察
CLASS B	Class B digital device	B 级数字装置
COMINT	Communication Intelligence	通信情报
CLWS	Compact Laser Weapon System	紧凑型激光武器系统
C－RAM	Counter-Rocket，Artillery，Mortar	反火箭、火炮、迫击炮
C－UAS	Counter-Unmanned Aerial System	反无人机装备系统
CW	Continuous Wave	连续波信号
D3	Digital Drone Detection	数字无人机探测
DARPA	Defense Advanced Research Projects Agency	美国国防高级研究计划局
DDS	Data Distribution Service	数据分发服务
DBF	Digital Beam Forming	数字波束合成
DIY	Do It Yourself	自己手工制作
ECCM	Electronic Counter-Countermeasures	电子反干扰功能
EO/IR	Electro-Optical/Infra-Red	光电红外
EPS	Evolved Packet System	演进得分组系统
EW	Electronic Warfare	电子战系统
FAAD	Forward Area Air Defense	美国陆军前沿区域防空
FCC	Federal Communications Commission	美国联邦通信委员会
FMCW	Frequency Modulated Continuous Wave	调频连续波
FPS	Frames Per Second	每秒传输帧数

续表

英文缩写	英文全称	中文解释
FPV	First Person View	第一人称视角
GALILEO	Galileo Satellite Navigation System	伽利略卫星导航系统
GBSAA	Ground-Based Sense and Avoid	陆基辨别和避让
GDLS	General Dynamics Land System	通用动力陆地系统
GPS	Global Positioning System	全球定位系统
GLONASS	Global Navigation Satellite System	格洛纳斯全球卫星导航系统
GNSS	Global Navigation Satellite System	全球导航卫星系统
HEL	High Energy Laser	高能激光
IM – SHORAD	Interim Maneuver-Short-Range Air Defense	机动近程防空能力
IMU	Inertial Measurement Unit	惯性测量单元
INS	Inertial Navigation System	惯性导航系统
IP	Ingress Protection	防水防尘
JLTV	Joint Light Tactical Vehicle	联合轻型战术车
LEOS	Laser&Electro-Optical Systems	激光与光电系统
LLDR	Lightweight Laser Designator Rangefinder	轻型激光指示器测距仪
LOAL	Lock-On After Launch	发射后锁定
LOBL	Lock-On Before Launch	发射前锁定
MEMS	Micro Electro Mechanical System	微机电系统
MEP	Mission Equipment Package	任务装备包
MFIX	Maneuver Fires Integarted Experiment	美国陆军机动火力综合试验
MMIC	Monolithic Microwave Integrated Circuit	单片微波集成电路
MTBF	Mean Time Between Failure	平均无故障工作时间
MTTR	Mean Time To Repair	平均修复时间
NASA	National Aeronautics And Space Administration	美国国家航空航天局
OFDM	Orthogonal Frequency Division Multiplexing	正交频分复用技术
PESA	Passive Electronically Scanned Array	无源相控阵
POST	Passive Optical Seeker Technique	无源光学导引头技术
RAM	RIM-116 Rolling Airframe Missile	拉姆导弹
RCIED	Radio-Controlled Improvised Explosive Device	无线电遥控简易爆炸装置
RCS	Radar Cross Section	雷达散射截面

英文缩写	英文全称	中文解释
RCWS	Remote Controlled Weapon Station	反无人机遥控武器站
RF	Radio Frequency	射频
RFS	Radio Frequency Systems	射频系统
RMP	Re-programmable Microprocessor	可重编程微处理器
RMS	Root Mean Square	有效值
RPM	Revolutions Per Minute	转每分,备每分钟的旋转次数
S&T	Science And Technology	美军科学与技术机构
SAM	Surface-to-Air Missile	地对空导弹系统
SNMP	Simple Network Management Protocol	简单网络管理协议
SOI	Signal Of Interest	感兴趣信号
SPMAGTF-CR-CC	Special Purpose Marine Air-Ground Task Force-Crisis Response-Central Command	中央司令部危机反应特殊目标陆战队空地特遣部队
SSID	Service Set Identifier	服务集标识
TDOA	Time Difference of Arrival	到达时间差
TRL	Technology Readiness Level	技术就绪水平
TWS	Track-while-scan	边扫描边跟踪
TWT	Traveling Wave Tube	行波管
UAV	Unmanned Aerial Vehicle	无人驾驶飞机、无人机
WWAN	Wireless WAN	无线广域网

附录 B 单位附录表

单位缩写	单位释义	单位缩写	单位释义
Az	雷达方位角范围	m²	平方米
℃	摄氏度	MHz	兆赫
CEP	精度概率	mi/h	英里每小时
cm	厘米	min	分钟
dB	分贝	mm	毫米
dBm/Hz	功率谱密度	mrad	毫弧度
El	雷达仰角范围	ns	纳秒
g	克	r/min	转每分钟
GHz	吉赫	rad	弧度
h	小时	RMS	有效值
Hz	赫兹	m/s	米每秒
kg	千克	s	秒
kHz	千赫	V	伏
km	千米	VAC	交流电压
km/h	千米每小时	VDC	直流电压
kW	千瓦	W	瓦
m	米	μrad	微弧度

	毁 伤		毁伤方式					平 台		
其他磁波	软杀伤（导航、诱骗、干扰）	硬杀伤（定向能、物理毁伤）	阻断干扰	诱骗控制	网 补	定向能毁伤	火力毁伤	手 持	车/船/飞机载	综合系统
√	√		√					√		
√		√			√			√		
										√
	√	√	√			√	√		√	
									√	
										√
		√					√		√	
		√					√		√	
		√					√	√		
		√					√			√
√	√		√						√	
√	√		√							√
	√		√						√	
	√		√					√		
	√		√						√	
		√				√			√	
		√					√		√	√
	√	√	√			√			√	
		√					√			√
		√				√			√	
√	√		√						√	
	√	√	√				√		√	
	√		√						√	
√	√	√	√				√			√
√	√		√						√	
√	√		√	√					√	
√	√			√					√	
	√		√						√	

注：……面世时间是研制时间、展出时间或是列装时间，因此本表格中的"研制时间"的具体情况请参考本书原文对相关情况进行确认。

名　称	国　家	列装时间 （研制时间）	时间段	探　测		
				雷　达	光　电	其他 电磁波
Ku 波段射频系统	美国	2003（按改进型算）	2000—2004	√		
AN/MPQ－64"哨兵"雷达	美国	2003（按改进型算）	2000—2004	√		
"郊狼"反无人机巡飞弹系统	美国	2017（按改进型算）	2015—2019	√		
"相位器"高功率微波系统	美国	2013	2010—2014	√	√	
"毒刺"导弹防空系统	美国	2019（按改进型算）	2015—2019		√	
"毒液"反无人机系统	美国	2015	2015—2019			√
紧凑型激光武器系统	美国	2020	2020 年至今	√		
"沉默射手"反无人机系统	美国	2017	2015—2019	√	√	√
"无人机防御者"（Drone Defender）反无人机系统	美国	2015	2015—2019	√		
"无人机毁灭者"（Drone Buster）反无人机系统	美国	2017	2015—2019			
Drone Watcher RF DR（Standard Frequency）反无人机系统	美国	2016	2015—2019	√		
"泰坦"（Titan）反无人机系统	美国	2020	2020 年至今			
多任务半球雷达系列雷达系统	美国	2015	2015—2019	√		
"索尔"（THOR）反无人机系统	美国	2019	2015—2019	√		
"疯狂之火"多方位防御快速拦截炮弹交战系统	美国	2019	2015—2019	√		
AUDS 反无人机系统	英国	2015	2015—2019	√	√	
SkyWall 压缩空气发射器系统	英国	2016	2015—2019		√	
"无人机终结者"反无人机系统	英国	2021	2020 年至今			√
Paladyne E1000MP 反无人机步枪	英国	2021	2020 年至今			√
R&S ARDRONIS 反无人机系统	德国	2015	2015—2019			√
"无人机追踪者"系统	德国	2021	2020 年至今		√	
"黑骑士"探测雷达	意大利	2017	2015—2019	√	√	
"隼盾"反无人机系统	意大利	2015	2015—2019	√	√	

毁伤		毁伤方式					平台		
软杀伤（导航、诱骗、干扰）	硬杀伤（定向能、物理毁伤）	阻断干扰	诱骗控制	网补	定向能毁伤	火力毁伤	手持	车/船/飞机载	综合系统
	√					√		√	
	√				√			√	
	√					√	√		
	√				√			√	
	√				√			√	
√	√	√			√	√			√
√		√					√		
√		√	√				√		
√		√	√						√
√		√	√				√		
								√	
	√				√			√	
	√					√			√
√		√						√	
	√			√			√		
√		√					√		
√		√					√		
√		√						√	
							√		
								√	
√		√						√	

名　称	国家	列装时间（研制时间）	时间段	探测		
				雷达	光电	电
CPM DJI 1204B 反无人机系统	意大利	2020	2015—2019			
"无人机捕手"反无人机系统	荷兰	2017	2015—2019	√		
"长颈鹿"灵敏多波束雷达系统	瑞典	2015（按改进型算）	2015—2019	√		
iHtar 反无人机系统	土耳其	2016	2015—2019	√	√	
"帮会 2-2"低空探测雷达	俄罗斯	2019	2015—2019	√		
PY12M7 型反无人机侦察指挥车	俄罗斯	2015	2015—2019	√	√	
"箭-10"M4/MN 防空导弹系统	俄罗斯	2010	2010—2014	√	√	
"道尔-M2"防空导弹系统	俄罗斯	2013	2010—2014	√	√	
"柳树"便携式防空导弹系统	俄罗斯	2011	2010—2014		√	
"铠甲-S1"防空系统	俄罗斯	2008	2005—2009	√	√	
"驱蚊剂"电子战系统	俄罗斯	2016	2015—2019			
"汽车场"电子战系统	俄罗斯	2009	2005—2009	√		
"游隼-沙锥"反无人机系统	俄罗斯	2019	2015—2019	√		
REX 系列反无人机电磁枪	俄罗斯	2017	2015—2019		√	
"蔷薇"电子战系统	俄罗斯	2016	2015—2019			
"佩列斯韦特"激光武器系统	俄罗斯	2018	2015—2019		√	
SPYDER 系列防空系统	以色列	2005	2005—2009	√		
"无人机穹"（Drone Dome）反无人机系统	以色列	2016	2015—2019	√		
"铁穹"（Iron Dome）反无人机系统	以色列	2011	2010—2014	√		
"铁束"（Iron Beam）反无人机系统	以色列	2020	2020 年至今			
"阿波罗盾"（Apollo Shield）反无人机系统	以色列	2017	2015—2019		√	
Pitbull 反无人机遥控武器站系统	以色列	2019	2015—2019	√		
Re Drone 反无人机系统	以色列	2016	2015—2019	√	√	
Drone Guard 反无人机系统	以色列	2017	2015—2019	√	√	
DroneCannon RW	澳大利亚	2018	2015—2019			
DroneGun Tactical	澳大利亚	2018	2015—2019			
DroneGun MK3	澳大利亚	2016	2015—2019			
DroneBullet 反无人机系统	加拿大	2018	2015—2019		√	

注：1."研制时间"相关情况说明：受限于部分反无人机装备公开情况不一以及部分装备系列版本的差异，难以确定部分装备的